情報戦の日本史

元防衛省情報分析官
上田篤盛

育鵬社

はじめに

本書は、日本における情報戦の歴史とその現代的な意義を探るものである。古代における中国大陸や朝鮮半島との外交や軍事的駆け引き、武家政権や戦国時代に忍者を活用した謀略、天下統一を巡る熾烈な情報戦、幕末維新期の海外密使による諜報活動、さらに明治以降の大戦における情報戦――。これらは単なる過去の物語ではなく、現代社会における情報活用や意思決定、リスク管理の在り方に多くの示唆を与える重要な事例である。

本書では、そうした歴史に埋もれた知恵や教訓を掘り起こす。歴史愛好家には情報戦の背後にある人間ドラマや戦略の奥深さを伝え、新たな視点からの歴史像を描き出したい。また、安全保障や企業経営の実務者には、戦略立案やリスク管理、さらには日常の情報活用に役立つ具体的なヒントを提案する。

さて、現代の国際社会において、ＡＩ技術やビッグデータ解析の進展が加速し、情報はかつてないほど重要な資産となり、国家間の競争や安全保障の基盤を形成している。

しかし、日本は戦後「スパイ天国」と揶揄されるほど防諜体制の整備が遅れ、国家や企業の情報流出が繰り返されてきた。この問題は単に情報を「守る」ことにとどまらず、情報を効果的に収集し、それを国家戦略に活用する「攻め」の姿勢が欠如していることにも起因している。

問題の本質は、「防諜」と「対外情報」の二つの柱が十分に機能しておらず、国家全体のインテリジェンス・リテラシーが低いことである。これは、戦後の情報文化の断絶により、日本が独自の情報機能を確立できず、国際情勢に翻弄され続けてきたことが一因である。

かつて日本は、平安時代に和歌や仮名文字を駆使し、戦国時代には情報戦を、天下を決する手段として活用していた。明治以降の戦争でも、情報戦が勝利の要因となった。しかし、日中戦争から太平洋戦争に至る大東亜戦争の敗北と、その後のアメリカによる占領政策により、過去の歴史とのつながりが断たれ、日本の情報活動は占領軍から「危険視」されるようになり、情報機能を否定的に捉える風潮や自虐史観が定着した。

現在、中国をはじめとする諸外国は、こうした状況を利用して高度な「情報戦」を展開し、日本国内の意識形成に影響を与えつつ、国際的立場を弱体化させている。この現実を無視することは、日本の将来に致命的なリスクをもたらしかねない。

したがって、国際社会における情報戦で劣勢を挽回するためには、過去の歴史を情報戦の視点から再検討し、戦後の反省を未来の戦略に活かすことが求められる。

巷では、真珠湾攻撃やミッドウェー海戦に関する戦術的な成功や失敗が盛んに議論されている。しかし、太平洋戦争における情報戦だけを取り上げるだけでは、問題の本質を十分に理解することは難しい。

例えば、真珠湾攻撃では、戦術情報の秘匿が功を奏し奇襲に成功したものの、アメリカを長期戦に引き込み、結果的に日本の敗北を招く要因となった。また、ミッドウェー海戦での暗号漏洩は敗因の一つとして語られるが、物量差という現実を覆すことは困難だったとする見解が広く受け入れられている。

つまり、開戦後の情報戦そのものの成否を議論する以上に、太平洋戦争に至る戦略的な意思決定そのものにこそ重大な問題があったことを認識する必要がある。

本書では、「なぜ日本は無謀な大東亜戦争に突入したのか？」という問いを中心に、1941（昭和16）年以前の情報戦の歴史を掘り下げる。日中戦争から太平洋戦争に至る流れを一連の「大東亜戦争」として捉え、その過程における情報戦の成果と失敗を検証する。すなわち、戦前の日本における情報収集や分析の制度的・文化的背景を分析し、特に戦略的意思決定の欠陥に焦点を当てる。また、古代から明治時代、そして現代に至る歴史的背景との比較を通じて、現代日本が情報戦においてどのような教訓を得るべきかを明らかにすることを目指す。

本書の特徴は以下の点である。

第一に、本書は、明治以降や現代のスパイ活動に焦点を当てた従来の情報戦関連書籍とは異なり、古代から戦国時代に至るまでの日本の情報戦にも光を当てる。孫子の兵法伝来説や楠木正成の戦術、忍者の役割、武士道の精神など、日本独自の情報戦の要素を掘り下げることにより、「島国ゆえに情報に疎い」という従来の見解に新たな視座を提供する。

第二に、日清戦争や日露戦争における情報戦の成功と、大東亜戦争における敗北を対比し、情報戦が国家戦略にどのように貢献したかを検証する。この分析を通じて、現代の国際情報戦に活かせる教訓を導き出すことを目指す。

第三に、日本の外交戦や情報戦を、特に中国、アメリカ、イギリス、ソ連と比較し、敗北の原因を明らかにする。特に満州事変以降における各国の情報活動や、国家戦略と連携したプロパガンダや浸透工作を分析し、日本の情報戦が国家戦略との連携を欠いていたこと、その結果として情報戦で劣位に立ったことを明らかにする。

第四に、著者自身の防衛省情報分析官としての経験をもとに、戦史を辿りながら情報理論の観点から独自の見解を加えている。この視点により、本書は単なる歴史書にとどまらず、情報戦の歴史を学ぶと同時に、インテリジェンス理論を学ぶ手がかりを提供する内容となっている。

本書では、「情報戦」という言葉を広義に使い、情報活動や情報戦略を含む意味で使用している。これには情報空間やサイバー空間でのサイバー戦やメディア戦などを指しつつ、旧日本軍が用いた「秘密戦」（諜報、防諜、宣伝、謀略）も含まれている。

米中対立が進む現代、情報の重要性はこれまで以上に高まっている。情報は安全保障の基盤であり、その収集、分析、運用の巧拙が国家の行方を左右する。本書が、過去の情報戦の知恵と教訓を未来へとつなぐ架け橋となり、日本の戦略情報活動や防諜体制の在り方を考えるきっかけとなることを切に願う。

目次

第1章　情報戦の黎明——倭国時代〜戦国時代

第1節　愛国心と情報戦思想の発祥

◆神武天皇を導いた八咫烏

「四方を海に囲まれた日本は侵略された経験が少なく、国外からの脅威に対する情報活動が発展しなかった」という説がよく語られる。しかし、これは本当であろうか？

スパイは歴史上、娼婦に次ぐ二番目に古い職業とされており、その起源は『旧約聖書』のモーゼの時代にまで遡る。この伝説は、人類の歴史とともにスパイや諜報活動が存在してきたことを示唆している。

人類の誕生とともに始まった男女の関係や戦争は、秘密を守る必要性を生み、それに対抗するための情報活動が発展してきた。これは日本も例外ではない。

日本においても、神話の時代から情報にまつわる物語が伝わっている。神武天皇が東征する際、八咫烏《やたがらす》が高皇産霊尊《たかみむすびのみこと》によって遣わされ、天皇を熊野から大和まで導いたとされている。この八咫烏は、古くから情報の象徴として語り継がれている。

朝鮮半島の高句麗《こうくり》に４１４年に建てられた「好太王《こうたいおう》（広開土王《こうかいどおう》）碑」によれば、４世紀末には日本（倭国）は朝鮮半島に進出し、百済《くだら》や新羅《しらぎ》を破ってさらに北上し、高句麗に敗れたことが記録されている。このように、日本は古くから朝鮮半島あるいは大陸との関わり合いを有し

図１　４世紀末の朝鮮半島

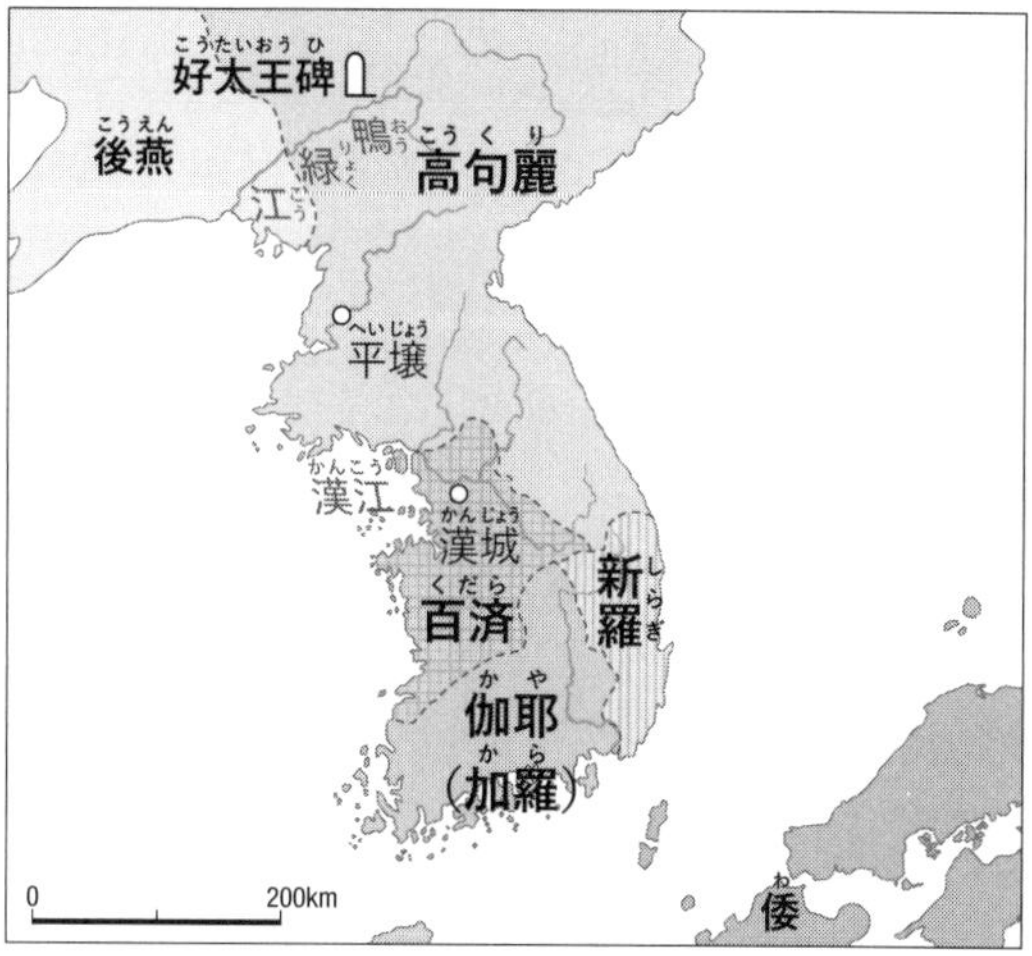

ていた。
　562年に伽耶《かや》（任那《みまな》）が新羅に滅ぼされた後、日本は朝鮮半島への影響力を取り戻すことを外交政策の柱としていた。『日本書紀』によれば、527年、継体《けいたい》天皇の時代に大和朝廷の豪族の近江毛野《おうみのけな》が6万人の軍勢を率いて任那に向かい、新羅の南下に対抗しようとしたが、新羅はこれを妨害するため、筑紫《つくしの》国造《くにのみやつこ》磐井《いわい》を買収したとされている。磐井は新羅のエージェントとして活動したが、翌528年に豪族の物部麁鹿火《もののべのあらかひ》によって鎮圧された。
　さらに、推古《すいこ》天皇の時代にも、新羅との戦いが続き、601年には新羅の間諜である迦摩多《かまた》が対馬《つしま》で捕らえられたと記録されている。彼は日本における最初の間諜の一人とされる。『日本書紀』や平安時代に成立した漢和字書『類《るい》聚名義抄《じゅみょうぎしょう》』では間諜を「ウカミ（伺見）」と呼び、斥候も同様に「ウカミ」と称されていた。これらの用語は、敵の動きを探る役割を意味している。

◆遣隋使による対外情報活動

日本と中国大陸との関係においても、600年には遣隋使が派遣された。これは、推古天皇の時代に日本が必要とする技術や制度を学ぶための朝貢使であり、同時に組織的な対外情報活動でもあった。

特に有名なのは、607年に派遣された小野妹子《おののいもこ》である。彼は聖徳太子が作成した国書を携えて隋《ずい》の煬帝《ようだい》に謁見した。その国書には「日出づる処《ところ》の天子、日没する処の天子に書を致す」と記され、煬帝はこれに激怒したが、妹子は許され、608年には無事に帰国している。煬帝は日本が高句麗と結びつくことを恐れ、官僚の裴世清《はいせいせい》を日本に派遣し、情報収集を行わせた。

このように、日本は島国でありながらも、中国大陸や朝鮮半島に近接していたことから、対外情報への関心は早くも倭国の時代に芽生えていたと言える。

◆白村江の戦いと愛国心――飛鳥時代

7世紀中葉に起こった白村江《はくすきのえ》の戦い（**図2**）は、日本（当時の倭国）にとって情報戦の重要な一歩となる出来事であった。

当時、朝鮮半島の百済は飢饉や政治の混乱により次第に衰退していた。これを受け、唐は659年、秘密裏に百済討伐の準備を進めていた。唐は同年、日本から派遣された遣唐使を洛《らく》陽《よう》に留め置き、百済への出兵計画が漏れないように諜報活動に対する対策（今でいう防諜《ぼうちょう》）を講じた。しかし、この動きは日本にも伝わり、国内で警戒感が高まった。660年、唐と新羅の連合軍が百済を滅ぼしたが、百済は復興を図るべく日本に救援を求めた。これを受けて663年に日本は参戦するも、白村江の戦いでは唐・新羅連合軍に敗北を喫した。

図2　白村江の戦い

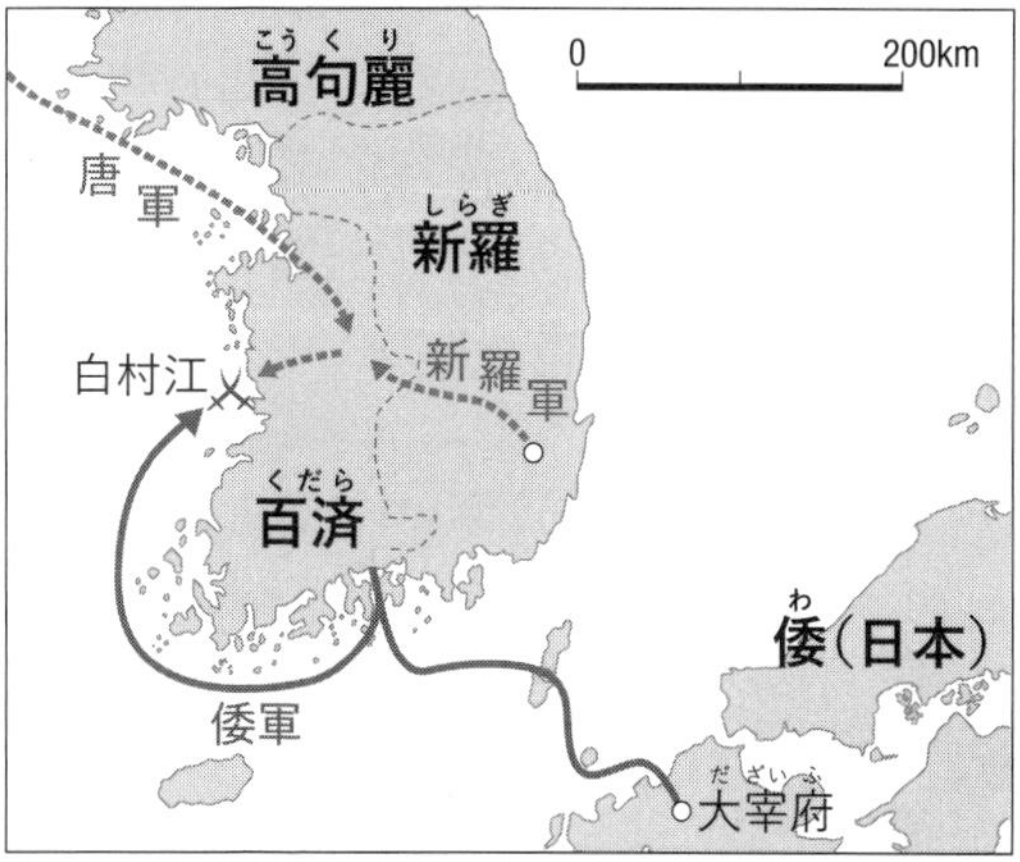

この戦いに参加した大伴部博麻《おおともべのはかま》は、百済で捕虜となり、唐の長安《ちょうあん》に送致された。当時、長安には遣唐使の4人も捕虜として囚われており、彼らから「唐が日本（倭国）を攻めようとしている」という情報を得た博麻は、命を顧みず、自らの自由を犠牲にして、仲間の帰国と祖国の防衛に尽力した。4人は無事に対馬に到着し、唐の侵略計画を大宰府《だざいふ》に伝えた。これにより、日本は唐の侵略に対する備えを強化することができたのである。

一方、博麻は唐で残地諜者として活動を続け、唐の内情を収集し続けた。そして30余年の歳月を経て、ようやく帰国を果たした。持統天皇は博麻の行為に対して、「朕喜厥尊朝愛国売己顕忠」（朕、厥《けつ》の朝廷を尊び国を愛ひて、己を売りて忠を顕わすことを喜ぶ）との勅語を与えた。これは、民間人に対する初めての勅語であり、日本における愛国心の源流とされている。この博麻の忠義心や愛国心は、やがて日本の諜報や謀略を支える基盤となっていった。

白村江の戦い以降、日本は新羅や唐の来襲に備え、九州北部の大宰府を防衛の拠点として再編成し、対馬や壱岐《いき》、筑紫《つくし》といった地域を含む防衛ラインを構築した。さらに、水城《みずき》と呼ばれる防御用の堤防を築き、防人《さきもり》と呼ばれる兵士を九州に配備するなど、国防体制を強化した。

なお、この白村江の敗北の後、日本は内政・外交の両面で国力を再編成し、その一環として国号も「倭」から「日本」へと変わった。これは新たな国づくりの象徴的な一歩となった。

◆和歌や仮名文字と情報戦――奈良・平安時代

奈良時代や平安時代には、唐や新羅からの軍事的脅威が続く中で、貿易や文化的交流が完全には途絶えることはなく、日本社会にさまざまな影響を与え続けた。外交的摩擦を抱えつつも、経済や文化の接触が続く中で、日本は独自の文字文化を発展させ、情報の理解や伝達能力が向上していった。

このような状況の中で、日本の情報戦において重要な役割を果たしたのが和歌と仮名文字である。これらの文化的表現は単なる文学的要素にとどまらず、国家戦略や安全保障に寄与する情報伝達手段としての役割を担っていた。ここからは、和歌と仮名文字が具体的にどのように情報戦に利用されたかを探っていく。

まず、注目すべきは和歌の暗号的な役割である。和歌は単なる詩的表現を超え、隠されたメッセージを伝える手段としても用いられた。短歌形式の和歌は、外交的な意図や戦略的な情報を隠語として伝える役割を果たし、これは暗号の黎明とも言えるものであった。藤原氏の政治戦略にも和歌が使われたことが知られており、このようにして和歌は、政治的メッセージや密かな情報の伝達手段としての役割を果たした。

次に、和歌に加えて、仮名文字の普及も情報戦における重要な要素となった。9世紀頃に登場した仮名文字は、日本国内での情報伝達手段を大きく変革した。特に仮名文字は、漢字に比べて簡易で柔軟なため、貴族層や女性、さらには非識字層にも普及し、情報の共有や伝達をより迅速に行うことを可能にした。この普及により、宮廷内外での情報ネットワークが強化され、政治的な動きや権力闘争に関する情報も仮名文字を通じて伝達されるようになった。

また、仮名文字の普及が進む中、文学作品が情報戦においても重要な役割を担うようになった。令和6年のNHK大河ドラマ『光る君へ』でも描かれているように、平安時代中期には藤原氏が政治的な力を強め、宮廷文化が花開いた。この時代、紫式部や清少納言などが活躍し、『源氏物語』や『枕草子』といった文学作品が誕生した。これらの作品は単なる文学的な表現にとどまらず、政治的メッセージや権力構造を反映する要素を含んでいたとされる。例えば、『源氏物語』には、権力者同士の微妙な関係が描かれており、これらの人間関係や駆け引きを、広義での情報操作や戦略的なやり取りとして解釈することもできる。

このように、和歌や仮名文字といった文化的表現は、日本における情報戦の重要な基盤を形成し、国家戦略や社会安定に寄与していた。

◆刀伊の来襲と藤原氏の失策

平安中期に起こった「刀伊《とい》の入寇《にゅうこう》」と藤原氏の失策には、国家の命運を左右する多くの興味深いエピソードが秘められている。10世紀前半、中国東北部では渤海《ぼっかい》が契丹《きったん》（遼）によって滅ぼされ、朝鮮半島では唐を宗主国とする新羅が不安定な状態に陥っていた。9世紀初頭から新羅の海賊活動が活発化し、894年には対馬に45隻の海賊船が襲来する事件も発生している。10世紀初めに高麗が興り、新羅を倒して半島を統一したが、日本は遼や高麗との国交を開かなかった。しかし、商人の往来は続いており、国境周辺での緊張は高まりを見せていた。

1019年、対馬や壱岐、北九州一帯を襲った刀伊の来襲は、日本にとって忘れがたい一大事件である。女真《じょしん》族による大規模な侵略であり、その規模と残虐性は、後の元寇の前哨戦とも言えるものだった。3月28日、刀伊の兵船54隻が対馬に突如現れ、殺人や放火、略奪を行い、壱岐でも同様の暴虐が展開された。この急報は直ちに伝えられ、4月7日には大宰府に達したが、同日、刀伊の兵船はすでに筑前の沿岸に姿を現し、上陸して再び殺人や放火を繰り広げた。

対馬での人的被害は、殺害された者が18人、捕虜116人、焼失した家屋は45戸、さらに牛馬199匹が略奪されたり殺されたりするという甚大なものであった。壱岐でも同様の壊滅的な被害が生じ、若者は拉致され、老人は殺され、または海に投げ込まれるという残虐な行為が横行した。

この危機を迎え撃ったのは、藤原隆家（道長の甥）を中心とした現地の武士団であり、4月13日、刀伊軍はついに退去を余儀なくされた。

図3　11世紀の東アジア

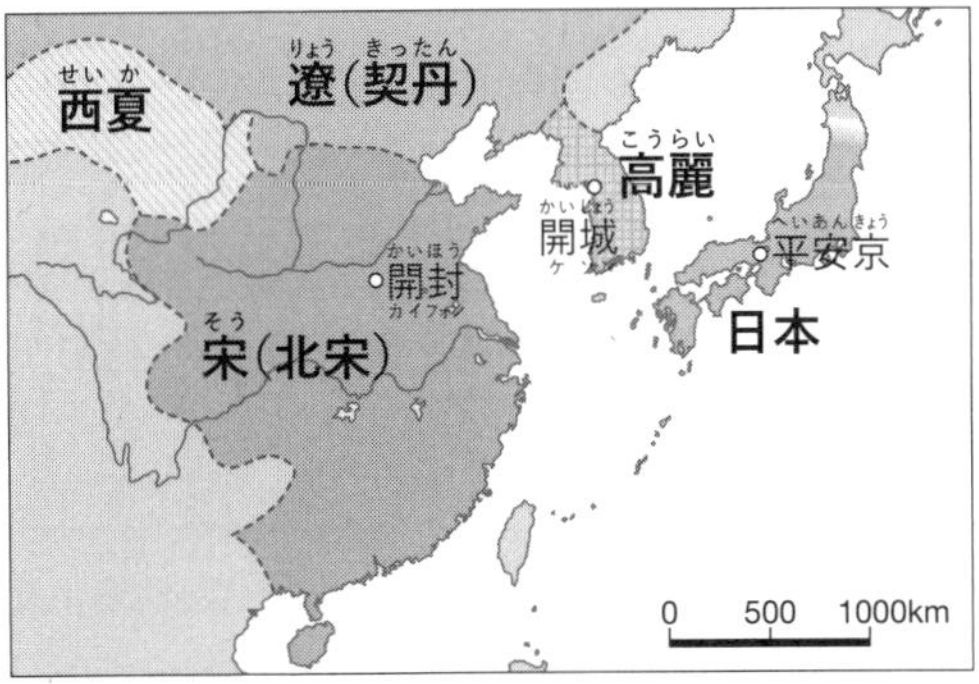

しかし、この襲撃は朝廷の情報収集能力の限界を露呈し、藤原道長をはじめとする貴族たちの無策が顕在化した事件でもあった。貴族政治の堕落が顕著となり、中央政権の統治力の衰えを象徴する出来事となった。

当時、日本国内の防衛体制はすでに崩壊しており、かつての防人制度も形骸化していた。また、情報収集や分析の体制が未整備であったため、刀伊の勢力が高麗を攻撃していたことが認識されず、彼らが対馬・壱岐を襲撃した際には高麗による侵攻と誤解されるほどであった。

さらに、襲来に対する対応は現地の者に一任され、京都の宮廷は危機感を欠いていた。朝議も真剣さに欠け、特に藤原道長は賀茂祭に夢中で、事態の深刻さをまったく理解していなかったのだ。

このような情報体制の欠如は、9世紀中頃のスパイ事件とも結びついている。当時、肥前国の郡司の山野春永が、報酬と引き換えに「新弩《しんど》」の製造技術を新羅に流出させる事件が発生した。この事件を契機に、朝廷は渡航制限を強化したが、それにより対外情報の入手が困難になり、外交や防諜体制の複雑化を招いた。

やがて平安時代末期には、中央から地方への影響力が低下し、武士団が台頭するようになった。11世紀には清和源氏や桓武平氏が力を持ち、武家勢力が形成される。そして12世紀には藤原氏の権力が衰退し、地方での権力闘争や政権の腐敗が進行した。

こうした中、武士階級が政治の表舞台に立ち始め、平清盛がその象徴となった。最終的に1185年の壇ノ浦の戦いで平氏が滅亡し、源頼朝が鎌倉幕府を開いたことで、平安時代の貴族中心の政治は終焉を迎え、武士による新たな時代が幕を開けたのである。

この一連の歴史的変遷の背後には、国家の命運を左右する情報戦略の重要性が存在しており、適切な情報管理と防諜体制が国家の存立に不可欠であることが強く浮き彫りにされている。

◆『孫子』の伝来と情報戦への影響

ここで、『孫子』について触れておきたい。紀元前500年頃に誕生した『孫子』と情報戦との関係は非常に深い。『孫子』の教えが日本の武士団に広まるのは平安時代後期のことであるが、その伝来経緯については三つの説がある。

第一の説は、５１６年に中国から兵法家が来日し、『孫子』を持ち込んだというものである。この説に関連して、継体天皇が５２７年の筑紫国造磐井の反乱を鎮圧する際、物部麁鹿火を征討将軍に任命した詔《みことのり》の中に、『孫子』の「作戦編」から引用された箇所があったとされる。

第二の説は「朝鮮伝来説」である。６６３年の白村江の戦いの後、百済から複数の兵法家が日本に渡り、『孫子』を伝えたとされる。７２０年に編纂された『日本書紀』には、『孫子』の「出其不意」（其の不意に出づ）や「赴其所不意」（其の意《おも》わざる所に赴き）の引用と思われる記述があり、この説を裏付けるものとされている。

第三の説は、遣唐使として７１７年に唐に渡った学者の吉備真備《きびのまきび》が『孫子』を持ち帰ったというものである。彼は18年間にわたり唐に滞在し、『孫子』や『呉子《ごし》』を学んだ。帰国後、これらの兵法書を朝廷に献上し、これが日本における『孫子』研究の始まりだとされる。

真備は７５４年に再度渡唐し、帰国後には大宰府に派遣された。そこで彼は、６人の下級武士に諸葛孔明《しょかつこうめい》の「八陣の法」や『孫子』の「九地編」を教えたと伝えられる。７６４年に起こった公卿の藤原《ふじわらの》仲麻呂《なかまろ》の反乱を短期間で鎮圧した際も、『孫子』の兵法が活かされたとの見方がある。

時代が進むにつれ、大江氏が『孫子』の管理を担うようになる。大江氏の祖である大江維時《おおえのこれとき》は、９３０年頃に唐から兵書『六韜《りくとう》』、『三略《さんりゃく》』、『軍勝図』を持ち帰ったが、これらを「人の耳目を惑わすもの」として秘匿した。また、『孫子』や『呉子』、『尉繚子《うつりょうし》』などの兵法書も門外不出の書物として管理していた。

その後、大江氏35代目の歌人・大江匡房《おおえのまさふさ》は、源義家《みなもとのよしいえ》に請われて兵法を伝授した。後冷泉《ごれいぜい》天皇の時代、陸奥で反乱を起こした安倍氏を討伐するために鎮守府《ちんじゅふ》将軍 源頼義《みなもとのよりよし》が派遣されたが、10年近く戦っても安倍氏を攻め落とせなかった。この「前九年の役」で、義家（頼義の子）は京都に凱旋した際、大江匡房が「器量は賢き武者なれども、なお軍の道を知らず」と評した。この言葉を聞いた義家は怒ることなく、匡房の弟子となり、『孫子』兵法の伝授を受けたとされる。

その後、義家は陸奥に戻り、安倍氏を討伐し「前九年の役」を終結させ、「後三年の役」でも大勝利を収めた。『孫子』には戦場での兆候についての示唆が多く含まれており、義家はそれを実践に活かしたと伝えられる。例えば、義家の軍が進軍中、雁の群れが乱れたのを見て、敵の伏兵を察知し、敵兵を討ち取ったという。この事例も、『孫子』の教えを戦場で活かしたものとして伝えられている。

こうして、『孫子』が日本の戦争に実践的に取り入れられ、情報戦の重要性が戦争の中で深く刻み込まれていったのである。

第２節　情報戦士のルーツは楠木正成

◆元寇は初の本土上陸侵攻

壇ノ浦の戦いで平氏を滅ぼした源頼朝による鎌倉幕府の始まりは、長らく頼朝が朝廷から征夷大将軍に任命された１１９２年とされていた。最近では、頼朝が鎌倉を本拠地と定めた１１８０年、東日本の支配権を朝廷から認められた１１８３年、守護・地頭を設置した１１８５年などの説もあり、段階的に成立したと考えられる。

だが、頼朝の治世は長く続かず、やがて北条氏が実権を握った。北条氏と朝廷の後鳥羽上皇との対立が深刻化し、１２２１年に承久の乱が勃発。これは、日本史上初めての朝廷と武家政権の直接対決となったが、朝廷は敗北した。鎌倉幕府はその後、朝廷を監視するために六波羅《ろくはら》探題《たんだい》を京都に設置し、皇位継承にも影響を与えるまでに至った。

鎌倉時代の歴史において、最大の試練となったのが元寇だ。これは、日本にとって史上唯一の海からの大規模な本土武力侵攻であった。

チンギス・ハンの孫であるフビライ・ハンは１２７１年、中国本土とモンゴル高原を支配し、都を大都（現在の北京）に移し、国号を「元」と定めた。彼は日本に対して朝貢を求める国書を何度も送りつけてきたが、鎌倉幕府第八代執権の北条時宗はこれをことごとく無視した。

フビライは中国南部に位置する、海上貿易で栄えた南宋の征服を企図したが、それが容易に成らず、南から攻撃するために日本との軍事協力を模索した。しかし、鎌倉幕府は南宋から迎えた外交顧問を通じて対外情報を得ており、そのつながりを重視していたため、元の要求を拒否した。時宗がフビライを無視し続けた結果、ついに1274年11月、フビライは高麗で900隻もの船を建造し、2万人以上の兵を引き連れて日本への侵攻を決行した。これが文永の役である。

時宗はすでに元の侵攻を警戒しており、1272年に九州の御家人たちに「異国警固番役」を命じ、海岸線沿いに監視網を張り巡らせていた。また、白村江の戦い以降築かれた水城・大野城を応急的に修復・強化し、臨時の防御線として活用した。しかし、この防御線は内陸部にあったため、元軍はほぼ無抵抗のまま博多湾に侵入し、上陸を果たした。

日本の武士たちの戦い方は、元の軍と比べて圧倒的に時代遅れだった。武士たちはまず「かぶら矢」を放ち、戦いの開始を宣言し、「やあやあ、我こそは！」と名乗りを上げ、1対1の決闘を好んだ。

一方で、元軍は「銅鑼《どら》」を打ち鳴らし、集団で1人の武士に襲い掛かるという戦術を取った。さらに、元軍は「てつはう」と呼ばれる爆弾や毒矢を駆使して攻撃を仕掛けた。鉄片が飛び散る爆発物である「てつはう」は、当時の日本にはまったく未知の兵器であり、この強力な攻撃により博多は瞬く間に制圧された。また、日本では矢に毒を塗るなどといった卑怯な発想はな

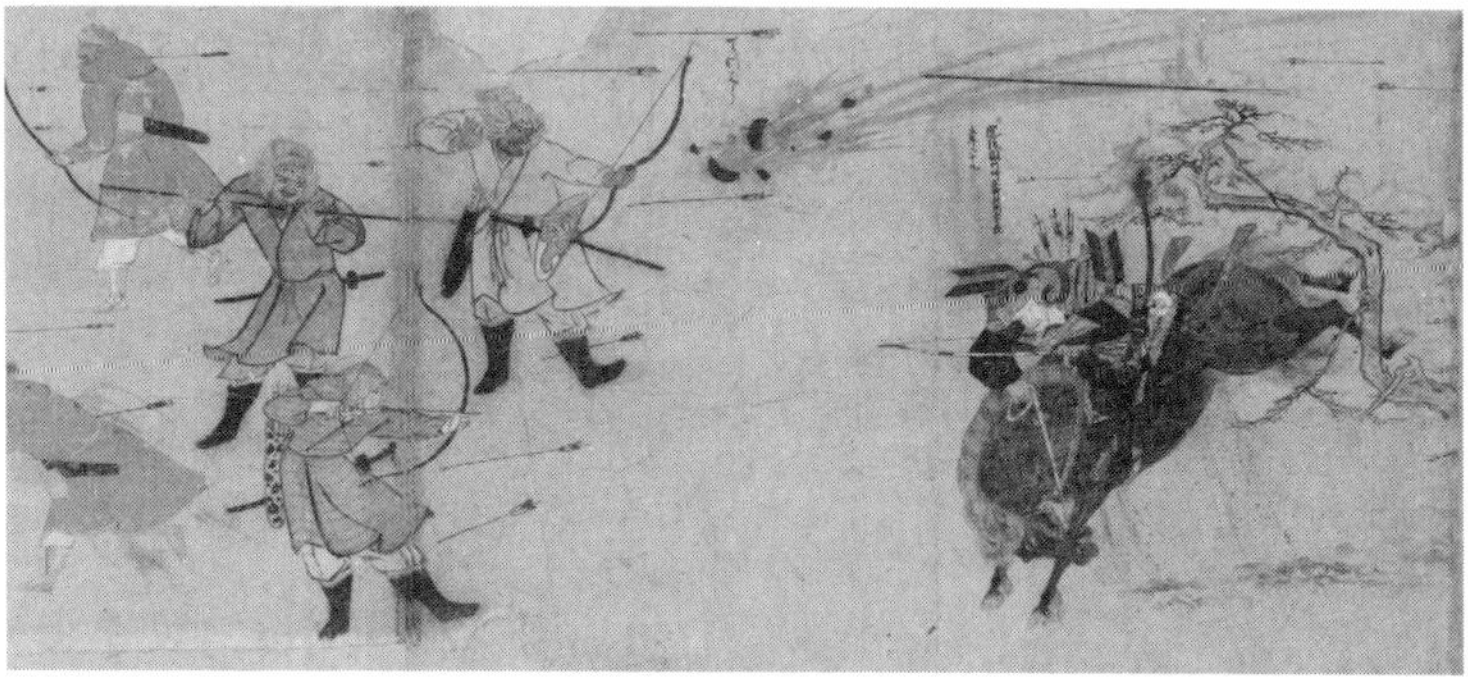

元軍と戦う武士　［ColBase］

かった。

しかし、翌日、元軍は突然撤退した。元軍の目的が日本占領ではなく、圧倒的な軍事力を見せつけて日本を屈服させ、国交を結ばせることにあったからだ。

その後、元は国交を結ぼうと5度にわたり使節を送ったが、日本はこれらの使節を次々に処刑した。この対応に激怒したフビライは、南宋を征服して勢力を拡大し、1281年6月、再び日本への侵攻を決意した（弘安の役）。今回は、東路軍4万人が高麗から900隻の船で出撃し、さらに江南軍10万人が中国沿岸から3500隻の大艦隊を率いて日本を襲うという、前代未聞の大規模な来襲であった。

時宗は文永の役以降、元の再来に備えて防備を進めていた。西国の武士団を昼夜問わず海岸沿いに配置して警備を強化し、朝廷や寺社に仕える武士たちを幕府の指揮下に編成して戦力を増強した。そして元軍の上陸を阻止するために、博多湾の海岸一帯に「石築地《いしついじ》」と呼ばれる防塁を築いた。これは高さ約2メートル、奥行き約3・5メートル、全長約20キロメートルに及ぶ大規模なものであった。また、元軍の弓を上回る長射程の弓を導入し、元軍が得意とする集団戦術に対抗するため、海上での「乗船戦法」へと戦い方を転換した。これにより、元軍の猛攻を封じ込め、幕府は戦いを有利に進めた。

さらに、時宗は元の襲来を事前に察知するため、元から亡命してきた僧侶から情報を収集し、細やかな準備を進めた。

2度にわたる元軍の襲来は、台風の「神風」に救われた偶然の勝利だと長らく伝えられてきたが、最近ではこの見解は根拠が薄いとされる。文久の役は11月で台風シーズンではない。弘安の役では台風はたしかに吹いたようだが、それだけで勝てるほど甘くはない。実際には時宗をはじめとする鎌倉幕府の情報戦や、徹底した対上陸戦術の成果だったというべきだろう。

11世紀の刀伊の入寇や13世紀末の元寇は、日本にとって、海の自然障壁に依存する危うさを痛感させた歴史的な教訓となった。この教訓は、後に江戸時代の兵学者林子平《はやししへい》が「江戸の日本橋から唐、オランダまで境なしの水路なり」と述べた言葉に象徴されている。四方を海に囲まれた日本が、対外情報に疎いという見方がいかに表面的であるか、この歴史からも明らかだと言える。

◆楠木正成の謀略と民衆の力

鎌倉幕府は元寇で蒙古軍に勝利したが、多大な犠牲を払った。財政も逼迫し、御家人たちに恩賞を与えることができず、幕府の秩序が次第に崩れていった。一方で、幕府トップであった第十四代執権北条高時は政務を顧みず、田楽や闘犬に熱中し、農民に重税を課すばかりであった。時代が進むにつれて、幕府は腐敗の度合いを増し、世の中は一段と紊乱《びんらん》していった。その中で高時を打倒し、天皇に権限を取り戻そうと立ち上がったのが後醍醐《ごだいご》天皇であった。だが、幕府の強大な軍事力に対して、倒幕のための志願兵の募集は困難。そこに馳せ参じたのが悪党のリーダーで河内の土豪、楠木《くすのき》正成《まさしげ》であった。

皇居外苑にある楠木正成像

正成は、藁人形に甲冑を着せて敵の弓矢を誘い、敵が攻めてくると巨木や巨石を落とす、敵が城に通じる連絡橋を渡るとそれを焼き、降伏を誘うために弓矢を放つなど、智謀を駆使したゲリラ戦法と謀略を得意とした。

１３３２年７月、正成が「坂東一の弓取り」と評した鎌倉方の武将・宇都宮公綱《きんつな》軍との戦いでは、天王寺を占拠する公綱軍５００～７００人に対し、正成軍は２０００人であった。正成の幕僚たちは勢いに乗じて戦うことを進言したが、正成は「良将は戦わずして勝つ」と言い放ち、全軍を天王寺から撤退させた。しかし、夜になると天王寺一帯を取り囲む生《い》駒山《こまやま》の山々に3万のかがり火が焚かれた。宇都宮軍はこのかがり火に恐怖し、極度の緊張感が三日三晩続き、ついに4日目に天王寺から撤退せざるを得なかった。

実はこのかがり火は正成が生み出した幻の大軍であった。正成は５０００人の民衆を動員し、天王寺を取り囲むように松明《たいまつ》を灯して、宇都宮軍に大軍に包囲されているという恐怖の幻影を見せつけたのである。つまり、正成は民衆のネットワークを利用し、『孫子』の「戦わずして勝つ」を実践したのである。

１３３３年の千早《ちはや》城の戦いでは、正成軍約１０００人に対し、幕府軍は10万人（『太平記』では１００万人）であった。千早城を早急に落とそうと焦る幕府軍は、次々と兵力を投入したが、これが次々と正成のゲリラ戦法の餌食となった。

やがて幕府軍は水源を断つ持久戦に切り替えたが、正成軍は千早城に水源を確保し、食糧も十分に蓄えていた。逆に、兵糧が尽きたのは幕府軍の方であった。武装した民衆が幕府軍の兵糧を奪っていたからである。実は正成が城外の民衆に兵糧を奪うように指示していた。

正成の籠城を可能にしたのは、民衆の力であった。正成は包囲されていながらも、千早城の外と連絡を取る経路を持っていた。それは、土地に精通し、民衆のネットワークをつなぐ山伏《やまぶし》の存在であった。山伏は山道を通じて千早城の内外を行き来し、民衆に指示や情報を伝えたり、食糧を調達したりしていたのである。

楠木正成は幼少期､兵法を伝える大江氏の第42代目である大江時親《ときちか》から､河内《かわち》の観心寺で『孫子』の兵法を学んだという逸話がある。この経験が､正成の智謀を駆使したゲリラ戦の源となったのだろうか。

◆正成の忠誠心の源流『闘戦経』

しかし､正成が後世に模範的な情報戦士として名高い理由は､彼の卓越した情報力や『孫子』に基づくゲリラ戦法だけにとどまらない。「湊川《みなとがわ》の戦い」で見せた堂々たる戦いぶりや､「七生《しち》報国《しょうほうこく》」に象徴される後醍醐天皇への忠誠心が､人々の心を深く揺さぶったのである。

１３３６年､朝廷方から追放された足利尊氏《あしかがたかうじ》（高氏）は九州で勢力を再編し､朝廷に不満を抱く者たちを引き連れて再び京都への侵攻を企図した。その勢力は10万人を超える大軍であった。これに対し､朝廷は新田義貞《にったよしさだ》を派遣して尊氏軍の進撃を阻止しようとしたが､両者の力量差は歴然としていた。天皇は､義貞の退却報告を受けると､楠木正成に「尊氏軍を迎え討て」との命を下した。

１３３６年5月16日､正成は京都から兵庫へと向かった。道中､正成は息子の正行《まさつら》に桜井の宿から河内へ戻るよう命じた。彼は「今生でお前の顔を見るのは今日が最後かもしれぬ。私が討ち死にしても､お前は生き延びて､いつの日か朝敵を討て」と告げた。これが有名な『太平記』の「桜井の別れ」である（史実かどうかは定かではない）。正行はこの時､数え11歳であった。

後に正行は、成人して父の遺志を継ぎ、後村上天皇のために「四条畷《しじょうなわて》の戦い」（１３４８年）で勇戦した。

『太平記』に描かれた「湊川の戦い」の一端を再現しよう。

５月24日、正成は兵庫に到着し、義貞の軍勢と合流した。正成は義貞に撤退を勧めたが、義貞はこれに応じない。翌25日、ついに正成・義貞連合軍は尊氏軍と湊川で決戦を交えた。

戦の火蓋が切られると、正成と義貞の軍勢は前後に分断されてしまった。正成はやむなく７００余騎を率いて、足利直義《ただよし》（尊氏の弟）の軍勢に正面突撃を敢行。正成と弟の正季《まさすえ》は奮戦し、７回も合流してはまた分かれて戦い、ついには直義の近くまで攻め立てた。直義は辛くも逃げ延びたが、尊氏はこれを見て、さらに６０００余騎を湊川に増援させた。

６時間に及ぶ激戦の末、正成と正季は敵軍に16度の突撃を敢行し、最後には正成軍は73騎となった。疲弊した正成軍は湊川近くの民家に駆け込み、正成は正季とともに「七度生まれ変わっても、国に忠義を尽くし、国の恩に報いる」（七生報国）と述べ、皆に別れを告げた。そして正成は正季と刺し違えて自害し、一族16人、家人50余人もまた自害した。

この正々堂々たる戦い振りと「七生報国」に示された天皇への忠誠心は、一体どこから生まれたのか？　これは「兵は詭道《きどう》なり」と説く『孫子』兵法では説明できない。

実は、大江匡房が源義家に兵法を伝授した際に、『孫子』兵法と同時に伝えた別の兵法書があった。それが『闘戦経《とうせんきょう》』である。匡房は、「兵は詭道なり」とする『孫子』は優れた書物であるが、日本の文化や伝統、正直、誠実、協調と和、自己犠牲などの精神文化に必ずしも合致せず、その危険性を認識していた。そこで匡房は自ら『闘戦経』を著し（先祖の大江維時の著とする説もある）、『孫子』を学ぶ者は『闘戦経』も同時に学ぶべきと説いた。

この匡房の教えは家訓として伝承され、大江時親が楠木正成に兵法を伝授した際にも『孫子』とともに『闘戦経』も伝えられたという。『闘戦経』は総計53の教えからなり、三つの特徴がある。

第一に、『孫子』を否定するのではなく、補完するものである。

第二に、戦い（武）を第一義とし、武は秩序を確立するものであり、「武」の知恵と「和」の精神を結合させることの重要性を説いている。

第三に、戦場では「兵は詭道」であることも認めるが、戦略全般では謀略に頼りすぎず、時には正々堂々と戦うことが重要であるとする。

つまり「湊川の戦い」では、『闘戦経』の教えに導かれ、敗戦が明らかな状況でも尊氏軍への16度に及ぶ突撃が繰り返されたのであろう。この正成の生き様は、後に「謀略は誠なり」の言葉を生み出し、大東亜戦争においても情報戦士の精神的支柱となっていったのである。

◆国家建設の支えとなった正成の忠誠心

楠木正成は、時代を超えて国民から深く愛され、その忠誠心が国家建設の支えとなった。彼の死後35年に著された『太平記』では、智略に富む英雄として描かれており、この書物は正史ではないものの、日本人の心に深い影響を与えた。

正成が尊敬された背景には、鎌倉幕府の下で困難な時代を過ごす中、万世一系の天皇を中心とする王政復古による安寧を信じる風潮があった。正成がこれを成し遂げたという伝説が彼を時代のヒーローに押し上げたのである。

敵対した足利尊氏でさえ、正成の死を悼み、勇士として称賛した。この評価は足利政権成立の過程を記した軍記物語『梅松論《ばいしょうろん》』にも記されており、正成が当時の人々から高く評価されていたことを示している。彼の人気は衰えることなく、約１００年後には『太平記』の注釈・論評書『太平記評判』が著され、兵法の神としてさらに尊敬を集めた。

室町時代、足利幕府は正成を朝敵として扱っていたが、彼の死後２２３年の１５５９年に、後裔《こうえい》の楠木正虎《まさとら》が朝廷に赦免を嘆願し、正虎は従四位上・河内守に任じられた。また、戦国時代には「昔楠木、今竹中」と称され、羽柴秀吉の軍師竹中半兵衛と並べられた。

江戸時代には、水戸光圀《みとみつくに》が１６９２年に正成の墓に「嗚呼忠臣楠子之墓《ああちゅうしんなんしのはか》」と刻んだ碑を建立し、正成の精神が広まり、武士道精神の一部となった。江戸時代後半には尊王思想が盛んになり、幕末には水戸藩士が「桜田門外の変」を起こした。彼らの行動を支えたのは正成の忠義の精神であった。

明治時代には、「大楠公《だいなんこう》」と称された正成の人気は圧倒的であった。１８７６年には駐日イギリス大使ハリー・パークスが正成の忠誠心に感銘を受け、桜井の地に記念碑を建立した。吉田松陰や伊藤博文らが正成の墓碑を訪れ、明治という新時代を切り開く力となった。

正成は軍国主義に利用された面もある。１８８０年、明治天皇は正成に正一位を追贈し、明治政府は「尊王愛国」の精神を重視し、正成が愛国心の教材となった。昭和期には、秘密戦要員の養成機関だった陸軍中野学校が正成を奉る楠公社を建立し、学生たちは正成の智謀と忠誠心を模範とした。１９４０年には映画『大楠公』が公開され、正成とその子正行の忠誠心が描かれた。政府は「映画報国」の方針のもと、正成の精神を利用して国民精神を鼓舞した。

他方、純粋に正成の生き様が国民感情に合致した側面もある。歴史作家の童門冬二《どうもんふゆじ》は、「楠木正成が英雄視されたのは戦前の軍国教育の影響だと誤解されることがありますが、それは大きな誤解です。私が正成に『ときめき』を覚えた際、軍国主義などまったく考えたこともありませんでした」と述べている。

正成の敵に対する温かみや博愛精神、後醍醐天皇のために尽くし続けた忠義心、そして正行の忠義と孝行も、民衆の心を深く捉えた。この利他精神は「私利私欲なく公のために尽くす」ことを良しとする日本人の美徳と、日本を愛してやまない日本人の心を象徴しているといえよう。

第3節　忍者集団と情報戦との関係

◆山伏と悪党から生まれた忍者集団

　忍者は、密かに情報を収集したり、敵に対して謀略を仕掛けたりする役割を担っており、間諜（スパイ）や諜報員との区別は曖昧である。また、忍者は平安時代に天台宗や真言宗から発展した修験道《しゅげんどう》や山伏と深い関わりを持っている。

　楠木正成が山伏と連携したことは先述の通りであるが、忍者のルーツにも触れておく。忍者という名称が定着したのは江戸時代以降であるが、忍術の起源は古く、6世紀末の飛鳥時代に甲賀の大伴細入《おおともさいにゅう》が最初の忍者であったという説も存在する。当時、忍者は「志能便《しのび》」と呼ばれていたが、組織的な忍者集団が現れるのは南北朝時代以降であり、その起源は鎌倉時代後期に荘園制支配に抵抗した「悪党」に求められている。

　一方、修験道は中国から伝来した仏教と日本古来の山岳信仰が融合して生まれた日本独自の宗教であり、修行者は山中で活動するので「山伏」と称された。修験道は奈良時代に始まり、平安時代に天台宗や真言宗と共に広まり、鎌倉時代後期にはさらに発展した。

　鎌倉幕府の腐敗により、地頭や新興武士が年貢の納入を拒否し、荘園領主に対抗する「悪党」として活動するようになった。彼らは城を築き、ゲリラ戦術を磨き、商業や運送業を通じて山伏と連携し、次第に忍者集団を形成していく。この民衆のネットワークを活用した情報収集とゲリラ戦術が、日本の情報戦の一つのルーツとなったのである。

楠木正成は、悪党の首領であって忍者との縁が深く、それ故に彼は民衆と密接に結びつき、ゲリラ戦に長けていたのである。

◆忍者集団の発達――室町・戦国時代

１３３６年に足利尊氏が建武の新政（建武の中興）に反旗を翻し、京都に新たな政権を打ち立てたことで室町時代が始まる。この時代は、足利尊氏が京都に幕府を開き、室町幕府（足利幕府）が日本を統治した時期である。室町時代の終焉は、１５７３年に第15代将軍足利義昭が織田信長によって京都から追放され、室町幕府が事実上滅亡した時である。

室町時代は南北朝時代（１３３６〜１３９２年）や戦国・安土桃山時代（１４６７〜１６０３年）など、政権が不安定で戦乱の続いた時代を含んでいるが、足利家が日本の中心政権を握っていたのが特徴である。戦国・安土桃山時代は、15世紀後半から17世紀初頭までの期間を指し、一般的に応仁の乱が始まった１４６７年から、１６０３年に徳川家康が江戸幕府を開いた時期までを指す。この時期は、各地の大名が自らの領地を守るために戦いを繰り広げ、「戦国大名」として独立した支配を強めた。

戦国時代初期には室町幕府の権力が弱体化し、地方の大名たちは各地で勢力を拡大させた。

彼らは忍びを召し抱え、敵国への侵入、放火、破壊、夜討ち、待ち伏せ、情報収集などを行わせた。有名な伊賀忍者や甲賀忍者はこの時期に組織化された。当時、忍者は「乱波《らっぱ》」「透波《すっぱ》」「草《くさ》」「奪口《だっこう》」など地方によってさまざまな呼び名があり、「忍者」という名称はまだ定着していなかった。

戦国時代の大名たちは情報収集と分析に力を入れ、政略や戦術を駆使して争いを繰り広げた。16世紀中頃には、相模の北条氏康、越後の上杉謙信、甲斐の武田信玄、駿河の今川義元、美濃の斎藤道三、越前の朝倉義景、安芸の毛利元就、豊後の大友宗麟、薩摩の島津貴久など、多くの有力な武将が活躍した。

特に毛利元就は、楠木正成に『孫子』と『闘戦経』を伝授したとされる大江（毛利）時親の末裔であり、『孫子』の戦術を巧みに活かし、巧妙な謀略で名を馳せた。1554年の厳島の戦いでは陶晴賢《すえはるかた》を破ったが、偽情報を駆使して晴賢に疑心暗鬼を抱かせ、最終的に自滅へと追い込んだ。

北条氏康と武田信玄も忍者を駆使し、情報戦を展開した。忍者の主要な任務は大名に敵情を報告することであり、まさにスパイ（間諜）として活動していた。

『孫子』の「用間編《ようかんへん》」には五種類の間諜が記されているが、忍者にも同様の区分が存在していた。1681年に紀州の軍学者・名取三十郎正澄《まさずみ》が著した忍術書『正忍記《しょうにんき》』では、

○郷間《ごうま》＝「因口の間」…敵国及び第三国の一般大衆から情報収集を行うスパイ
○内間＝「内良の間」…敵国の官僚、軍人などを誘惑して秘密情報を収集するスパイ
○反間＝「反徳の間」…敵国のスパイが我が方に寝返ったスパイ（二重スパイ）
○死間＝「死長の間」…自らを犠牲にして、敵側に浸入して、偽情報を自白して、相手側を攪乱させるスパイ
○生間＝「天生の間」…最終的に生きて敵側から重要な情報を持ち帰るスパイ

として説明しており、これらが忍者の五つの役割であると述べている。

北条氏康は盗賊の「風麻《ふうま》」に知行を与えて情報収集を行わせ、その中から風魔小太郎が登場し、風魔の名を継いで忍者集団の頭目となった。関東では忍者を「乱波」と呼び、北条氏康の配下として情報戦を担った。甲州では「透波」と呼ばれ、武田信玄が「甲州スッパ」を使い、積極的に情報を収集していた。

◆武田信玄のスッパの活躍

２０１６年の大河ドラマ『真田丸』では、出浦昌相《いでうらまさすけ》が真田家の忍びとして登場する。歴史上、彼は出浦盛清《もりきよ》として知られ、元々は武田信玄に仕え、甲州透波を率いていた。信玄の死後、彼は織田信長の家臣である森長可《もりながよし》に仕えたが、本能寺の変後、しばらくして真田昌幸《さなだまさゆき》に従い、情

報収集や諜報活動で重要な役割を果たした。

武田信玄は「風林火山」の軍旗で有名であるが、この四文字は『孫子』の兵法から引用されている。信玄は戦で勝つこと以上に「負けないこと」の重要性を強調し、「勝ち過ぎる」ことを戒めていたという。この思想は『孫子』の「百戦百勝は善の善なるものにあらず。戦わずして兵を屈するものは善の善なるものなり」という言葉に基づくものである。

信玄は「戦わずして勝つ」ために、敵方の情報を収集し、自軍の情報を守るための防諜活動を行った。彼は「透波」や「三ツ者」と呼ばれる隠密集団を組織し、全国に派遣して諜報活動を行わせ、得られた情報を合戦に活用した。これにより、他国の内情や城の構造、さらには城主の趣味に至るまで詳細に把握していた。この諜報活動を担った三ツ者のトップが、当時信玄に仕えていた盛清であった。

また、信玄の軍師として名高いのが山本勘助である。彼は歴史的に有名だが、実在を疑われることもあり、謎の多い人物である。ただし、勘助の存在を通して信玄の巧妙な謀略が伝えられている。この謀略を展開するには情報が不可欠であり、甲州スッパを率いた出浦の働きは、勘助以上の評価を与えるべきであろう。

このように、武田信玄の強さの背後には、盛清をはじめとする甲州の忍びたちの存在があった。最盛期には、三ツ者は２００人を超える規模にまで成長していたと言われている。

情報の収集と活用は、戦国時代における武将たちの勝敗を分ける重要な要素であり、信玄自身もその戦略において情報戦の重要性を深く理解していた。結果として、彼の成功は単なる戦術だけではなく、情報を駆使した巧妙な戦略によって支えられていたのである。

◆忍者集団を愛した徳川家康

忍者と情報戦は密接な関係にある。信長は伊賀忍者の反乱を警戒し、1581年に甲賀忍者を含む勢力を味方につけ、伊賀忍者を攻略した(第二次天正伊賀の乱)。秀吉も忍者を活用したが、一部の忍者の行動に疑念を抱き、慎重に接するようになった。しかし、家康は忍者の有用性を認識し、積極的に活用した。

1582年6月2日、明智光秀による「本能寺の変」が発生した際、家康は信長の招きで畿内を旅行中であった。家康の護衛には本多忠勝や服部半蔵、武田氏の旧臣である穴山梅雪など、わずか30人余りが同行していた。信長の死を堺で知った家康は、本能寺に向かう決断を下すが、忠勝の助言により三河に帰ることにした。帰路の伊賀越えでは地侍や土豪による襲撃の危険があり、実際に穴山梅雪は土豪に襲われて殺害された。

家康を救ったのは伊賀出身の服部半蔵であり、彼は伊賀と甲賀から200人の忍者を集めて家康一行を警護した。無事に三河に帰還した家康は、1590年に江戸城を築き、半蔵をはじめとする200人の忍者を江戸に住まわせ、警備や偵察に活用した。現在の四谷伊賀町や神田甲賀町は、その名残である。また、半蔵門は家康に由来する門であり、「将軍が象を見せようとしたが、門を半分しか通れなかった」というバスツアーガイドの話があるが、これは観光客を楽しませるためのジョークである。もちろん史実ではない。

江戸時代には忍者集団は「お庭番制度」に発展し、将軍から直接命令を受けて諜報活動を行った。お庭番は実情調査を行い、情報収集によって国家的防諜態勢を確立し、徳川260年の平和を支えた。

忍者や忍術が近代の日本の情報活動における技術分野にどの程度の影響を及ぼしたかは不明であるが、脈々と伝えられた忍者の精神、すなわち「死を回避して組織のために情報を持ち帰る」という心は、後世に受け継がれた（**203ページ**参照）。忍者の精神は、情報戦における重要な要素として、今なおその意義を失っていないのである。

第2章 情報戦の胎動

——戦国時代〜江戸時代

第1節　天下統一の背後に情報戦あり――織田信長から徳川家康まで

◆織田信長の情報戦――間諜の働きを最高に評価

戦国オールスターズの中で、天下統一に最も近かったのは今川義元だったが、尾張の「桶狭間の戦い」で織田信長の伏兵策に敗れた。信長はこの勝利を機に、1568年に足利義昭を擁立して入京し、天下統一への第一歩を踏み出した。信長が戦国時代の覇者となったのは、卓越した戦略・戦術眼に加え、諜報と謀略を重視したためである。

例えば、「桶狭間の戦い」で信長は、功名の第一は「義元、ただいま田楽狭間に輿《こし》をとどめ、昼食中」と義元の居場所を伝えた梁田政綱《やなだまさつな》、第二は義元に一番槍を突き入れた服部小平太、第三は首を獲った毛利新助とした。梁田は義元の居場所を知らせただけでなく、義元をもてなし、祝い酒に酔わせた。その結果、信長の奇襲を受けた義元とその軍勢は壊滅した。

『孫子』の「用間」には「賞は間より厚きは莫《な》く、事は間よりも密なるはなし」とあり、情報を扱う者には厚く報いるべきだとされている。信長が梁田の働きを最も高く評価したのもこの教えを実践したからであろう。

信長が不動の地位を確立したのは1574年の「長篠の戦い」で、織田・徳川連合軍と武田軍の決戦であった。信長は武田軍を長篠城南の設楽原に誘導し、鉄砲隊で一挙に撃破する作戦を立てた。しかし、兵力では織田・徳川軍が武田軍の三倍強であったため、武田軍が撤退する恐れがあった。

そこで信長は反間の策を用いた。武田勝頼は家来の甘利新五郎を信長方に内応させたが、信長は新五郎が間者であることを見抜き、反間（二重スパイ）として利用した。信長は、重臣の佐久間信盛を公然と叱責し、その振る舞いを周囲に見せることで、信盛が粗末に扱われていると甘利に伝えさせた。信長方の陣地の要地を死守していた信盛は、その夜に勝頼に内応を示し、「手招きしますから、私の陣地に無二無三に突進されたい」と誘った。勝頼は信盛の誘いを信じ、攻撃に出たが、それが信長の策略にはまった結果、武田軍は完膚なきまでに打破された。

信長の巧妙な反間計は、甘利を利用して敵を欺き、自軍の勝利を決定づけたのである。

◆豊臣秀吉の情報戦──全国的な情報組織と通信網を確立

1582年6月2日、織田信長は天下統一を目前に控えながら、本能寺の変で急死する。英雄として称えられる信長に対し、主君を討った明智光秀は「裏切り者」として歴史に刻まれることとなった。しかし近年、光秀はテレビ時代劇の主人公として描かれる機会が増え、その人物像や功績が再評価されつつある。

光秀が信長を討った理由については謎が多いが、信長の強引な改革や尊王意識の欠如、キリスト教への寛容さが「売国的」とみなされ、光秀の決起を「義挙」と捉える見解も存在する。

一方で、秀吉は正統性に欠ける政権の簒奪を正当化するため、光秀を「悪」や「謀反」の象徴として描く宣伝戦を展開したとの主張もある（宮崎正弘『禁断の国史 英雄100人で綴る教科書が隠した日本通史』）。

秀吉（木下藤吉郎）は最初、今川家に仕官していたが、出奔して信長に仕官した。信長は桶狭間の戦いで今川義元を破ったが、この戦いには当時24歳の秀吉も参加していたとされる。秀吉は信長に仕えてまだ2年ほどで、おそらく足軽組頭のレベルだった。

戦国時代の史料『武功世話』によれば、秀吉は駿河や三河など今川領の事情に詳しかった。この情報が秀吉の出世の契機となった。秀吉は戦いにおける情報の重要性を深く理解していたのだ。

信長が本能寺の変で明智光秀に倒れた後、秀吉は光秀を討ち、次に柴田勝家を破り、さらに長宗我部元親を降《くだ》し四国を平定した。1586年には太政大臣に任じられ、豊臣の姓を授けられた。秀吉は全国の戦国大名に対して停戦を命じ、領地の確定を自らの判断で強制的に行った。一方で、1587年には九州の島津義久を討伐し、1590年には小田原の北条氏政を滅ぼし、さらに東北地方の伊達政宗を従わせたことで、全国統一を成し遂げた。

秀吉の成功は、戦場での戦略だけでなく、情報収集と事前計画、謀略の巧妙さに支えられていた。彼は全国各地に間諜を派遣し、情報をリレー方式で集めた。秀吉は全国的な情報組織と通信網を確立した初めての武将であった。

秀吉を支えたのが、竹中半兵衛と黒田官兵衛という二人の軍師であった。半兵衛は、秀吉が織田信長の配下として浅井長政を攻めていた際、敵の領主を巧みに寝返らせることに成功し、それがきっかけで浅井家の家臣たちが次々と寝返り、浅井氏は自滅へと追い込まれた。その後、半兵衛は秀吉の軍師として謀略を駆使し、軍略を支えた。

秀吉の九州征伐は１５８７年に本格的に始まったが、実際の戦いはすでに１５８４年から始まっていた。この征伐では、秀吉の諜報活動と謀略が巧みに発揮された。彼は間者（スパイ）に細かな情報収集を命じ、さらに住民の士気を低下させるためのプロパガンダも行った。秀吉は、土地の詳細な地図や作物の生育状況、大名と家臣との関係に至るまで綿密な情報を収集し、その情報を基に家臣をいかに寝返らせるかを重視して戦略を練った。

黒田官兵衛は、北九州の諸大名に対して「味方になれば本領を安堵するが、逆らえば大軍を率いて攻め込む」と威嚇し、心理的に追い詰めた。これにより、多くの大名が早々に秀吉に投降したが、一部は無情にも転封されることとなった。豊前《ぶぜん》の勇猛な武将である宇都宮鎮房《しげふさ》は、官兵衛の求めに応じて秀吉の九州平定に協力したが、豊前の治めを任されたのは官兵衛であった。秀吉は鎮房に対し、伊予の国（愛媛）に転封を命じた。鎮房はこれを不服として官兵衛に立ち向かったが、鎮房は謀殺されてしまった。

このように、秀吉は諜報・謀略や心理戦を駆使し、１５９０年には日本統一を果たしたのである。

◆徳川家康の情報戦——情報収集と優れた情勢判断

織田信長が天下に名乗りを上げたのは桶狭間の戦いで、信長が26歳、家来の秀吉が23歳であり、彼らが41歳の今川義元を破った。この時、徳川家康は松平元康を名乗り、17歳で敵方今川軍の先鋒隊として織田軍の城壁を次々と陥落させていた。家康は15歳のときに初陣を果たし、若くして軍事的な才覚を磨いていった。

家康はその後も幾多の戦場に赴き、数々の危機に直面しながらも、しぶとく戦い続け、次第に力を増していった。今川義元が討死した後、家康は信長と同盟を結び、信長の死後は秀吉に組し、自らの版図を広げていった。やがて豊臣家の五大老（徳川家康、前田利家、宇喜多秀家、上杉景勝、毛利輝元）の筆頭地位を得た。

秀吉は1598年の朝鮮出兵中に病に倒れ、五奉行（石田三成、前田玄以《げんい》、浅野長政、増田長盛《ましたながもり》、長束正家《なつかまさいえ》）に「宿怨を捨て、息子の秀頼を盛り立ててくれ」と命じたが、五奉行の中には「私怨は解きがたい」との意見もあり、内部分裂が生じていた。秀吉が1598年8月に死亡した後、家康の求心力は急速に高まったが、石田三成が反抗を試みた。

三成は、豊臣家の武将7名による暗殺未遂事件を起こすなどして、家康に対抗した。しかし、五奉行はまとまらず、三成は嫌われ者であった。家康はこの内紛を仲裁し、自らの勢力をさらに強化した。

１６００年7月、家康は上杉景勝を討伐するために会津攻めに向かっていた。大阪城に徳川派が不在であることを見た三成は、反旗を翻し、家康打倒のために挙兵した。毛利輝元が１万の兵を率いて大阪城に入城し、西軍は10万人に膨れ上がった。家康も危機感を覚えたが、家康の謀略工作が効果を発揮した。

家康軍は小山（現在の栃木県小山市）で作戦会議を開き、兵を反転させて西へ向かうことを決断した。このとき最大の懸念は、上杉景勝（米沢）が背後から追いかけてくることであったが、景勝は動かなかった。これは、家康が景勝の背後にいる伊達政宗（仙台）や最上義光《もがみよしあき》（山形）と通じており、両者が動かないと判断したからである。

家康の情報収集と情勢判断は、後のソ連のスターリンと共通する点がある。１９４０年代初頭、スターリンはゾルゲの諜報活動から日本軍が南進すると予測し、兵力を欧州に転用した。二正面作戦を回避するためには、インテリジェンス・リテラシーと的確な情勢判断が不可欠である。

◆関ケ原の合戦は心理戦の勝利

１６００年の関ケ原の戦いでは、家康の心理戦が決定的な役割を果たした。同年8月1日、西軍は家康の家臣が守る伏見城を落とし、岐阜の大垣城に向かう。一方、東軍は福島正則が先方隊となり、東海道を西進し、岐阜の清州城に到達した。しかし、家康は江戸城に籠もり、動こうとしない。

これに立腹した正則は、8月21日に清州城を出て、難攻不落と言われる岐阜城をわずか半日で攻め落とした。その後、美濃赤坂に兵力を展開した。

その頃家康は江戸城に籠もり、諸国の大名や福島、黒田、細川ら一人一人に書状を書き、懐柔工作を行っていた。彼らが豊臣派であったことから、家康は彼らの忠誠心を確かめるとともに、戦勝時の報償を約束し、離反を防いだ。

9月1日、家康は約3万人の兵を率いて江戸城を出発し、同月11日に清州に到着。清州で、家康の次男・秀忠軍と合流し、西軍との決戦を予定していたが、秀忠軍は信州上田で真田昌幸の軍勢に進軍を妨げられ、清州には到着しない。

家康は西軍に先に戦場を占拠される危険を鑑み、秀忠軍を待つか、現在の兵力で決戦に臨むかに悩んだが、決戦を選んだ。西軍は総勢8万人、東軍は7万人で、兵力は西軍が有利であったが、家康は西軍の小早川秀秋らに寝返りを働きかけていた。

戦いの火蓋は切られたが、小早川秀秋は西軍が五分五分に戦いを進めていたので、寝返りを躊躇した。そこで、家康は鉄砲隊で秀秋の陣に発砲し、動かざるを得ない状況を作り出した。これにより秀秋は西軍の陣に突撃し、戦況は一気に東軍の優位に転じ、西軍は崩壊した。

さらに、家康は西軍の作戦計画を知る内通者・増田長盛を獲得し、西軍の動きも事前に把握していた。かくして、関ヶ原の合戦は、策謀家家康の情報戦と心理戦によって、わずか半日で決着がついた。
戦国時代から信長、秀吉、家康に至る天下統一の歴史において、諜報と謀略の戦いが重要であった。天下統一の背後には情報戦があったのだ。

第2節　鎖国政策の中での対外情報の収集

◆秀吉によるキリスト教禁止令の意味

鎖国が日本の対外情報への関心を遠ざけたという説がある。しかし、果たして本当にそうなのだろうか。江戸幕府は、スペインやポルトガルといったキリスト教国からの来航や、日本人の東南アジアへの出入国を禁止した。この政策が「鎖国」と呼ばれ、一般的には１６３９年の南蛮船入港禁止から１８５４年の日米和親条約締結までの期間を指す。

日本とキリスト教の関係は、１５４９年にキリスト教宣教師が初めて来日したことに始まる。宣教師たちは日本人の改宗を進め、織田信長はポルトガルのイエズス会宣教師ルイス・フロイスと出会った。信長は、敵対勢力に加担する仏教勢力を牽制するためにフロイスに布教を許可した。

秀吉も最初は宣教師を奨励したが、長崎がイエズス会の領地となったことに危機感を覚え、

1587年には伴天連《バテレン》（カトリック司祭）追放令を出した。そして、1596年にはキリスト教禁止令を発し、ヨーロッパ人宣教師6名と日本人信者20名を処刑するに至った（日本二十六聖人の殉教）。秀吉はスパイ活動を通じて他国を制圧する手法を理解しており、布教による間接侵略の恐ろしさを認識していたのだ。

とは言え、秀吉は長崎での南蛮貿易を許可し、キリシタン大名である黒田官兵衛や小西行長を活用して一定の情報パイプを確保し、対外情報を入手しようと試みた。秀吉は情報の流入を完全に遮断することはなく、情報収集の体制を維持していたのである。

他方、秀吉はキリシタン大名である黒田に対しての警戒は怠らず、次第に黒田との距離を置いた。こうした秀吉の禁教政策は国の防衛や防諜意識を強化した。このことは、後の江戸時代においても受け継がれた。

◆三浦按針の来日と家康の処遇

1598年、オランダ商船団は新たな貿易先を求めて大西洋を渡り、マゼラン海峡を経由してチリに向かった。しかし、暴風や食糧不足、病気の影響で、商船団は帰国の途に着く頃には深刻な衰弱状態に陥っていた。

1600年2月、帰国途中の商船団の一隻が船団を離れ、日本へ向かった。乗組員たちは、日本には毛織物の需要があることを知っていた。この船は「リフーデ号」と名乗り、逆風に煽られ損傷しながら日本沿岸を漂流していた。

リフーデ号は日本の漁船によって保護されたが、その乗組員の中にはイギリス人の水先案内人ウィリアム・アダムズが含まれていた。アダムズは後に日本人女性と結婚し、「三浦按針《みうらあんじん》」として知られるようになる。

リフーデ号が保護された数日後、幕府はイエズス会の宣教師を連れて漂流者たちを訪問した。宣教師はアダムズから事情を聞き、アダムズは毛織物を提供する代わりに、船の修理が終わった後に本国へ帰国できるよう、日本側に食糧や水の提供を依頼した。

皇帝（大御所徳川家康）の前の
ウィリアム・アダムズ

［William Dalton, Will Adams, the First Englishman in Japan..., A. W. Bennett, 1861］

しかし、当時日本に存在していた少数のスペイン人とポルトガル人は、イギリスやオランダの貿易介入を警戒していた。カトリックを広めようとするスペインやポルトガルにとって、プロテスタントのイギリスやオランダは排除すべき存在とされていた。

宣教師は「貿易はポルトガ

ルの代表を通じて行わなければならない」と主張し、アダムズの要求を拒絶した。アダムズは日本人以外の誰とも交渉しないと固く反発し、スペインとポルトガルの代表はアダムズとオランダ人船員の処刑または即時追放を幕府に提案した。

当時、天下統一に向けて西軍との戦いに集中していた家康は、オランダ船員の取り扱いを一時保留した。関ヶ原の合戦で西軍に勝利し、凱旋した家康の下にオランダ人船員が引き出された。家康は、スペインとポルトガルの代表からの要求に応じることなく、アダムズの知識と能力に感銘を受け、彼を江戸に招いて外交・貿易の顧問として迎え入れた。家康は、アダムズから航海術や数学などの新しい知識を学ぶことが幕府の繁栄につながると考えたのである。

家康はアダムズに帰国を許さなかったものの、彼を厚遇し、政策顧問として重用した。さらに、アダムズに複数の日本人配下をつけ、スペインやポルトガルの意図や動向を探らせた。ここに、家康の卓越したインテリジェンスセンスを見ることができる。

1975年に発表されたジェイムズ・クラベルの小説『将軍』を原作に、1980年三船敏郎を主演とする映画が制作され、2024年には、真田広之主演によるディズニー制作のテレビドラマ『SHOGUN　将軍』が大ヒットを記録した。この二つの作品によって、三浦按針という名は400年の時を超え、再び日本で熱い注目を集める存在となった。

◆オランダ・唐人「風説書」で情報入手

オランダとイギリスは、アダムズの働きが評価されて、1609年と13年に幕府から許可を得て平戸に商館を開設。一方で､家康は朝鮮や琉球王国を介して明との国交回復を試みたが、明からは拒否された。

また、家康は当初、スペインやポルトガルとの貿易にも積極的であったが、西国の大名の勢力が強化され、キリスト教の布教がスペイン、ポルトガルの侵略を招く恐れがあると感じ、1612年にキリスト教の禁令を発した。

家康の死後、1616年には中国船を除く外国船の寄港地を平戸と長崎に制限し、1623年には家光が閉鎖主義を強化、1624年にはスペイン船の来航を禁じた。イギリスも1623年にオランダとの競争に敗れ、自ら商館を閉鎖した。さらに1635年には日本人の海外渡航も禁止され、島原の乱（1637年）後にはポルトガル船の来航も禁じられ、欧州国で残るのはオランダ一国となった。1641年にはオランダ商館を平戸から出島に移し、長崎奉行が厳重に監視した。これにより、幕府の鎖国政策が完遂されたのである。

鎖国体制下でも、幕府は中国とオランダを通じて重要な情報を得る努力を続けた。情報収集の一環として、長崎奉行が中国人やオランダ人から得た情報をまとめた「風説書」が使用された。風説書は江戸に送られ、厳重に保管され、高級武士のみが閲覧を許可された。特に重要な風説書は将軍のみが閲覧できるもので、幕府にとっては秘密の対外情報であった。

風説書には三種類あり、まず中国人からの情報をまとめたものが「唐人風説書」である。これは1644年から1724年まで現存しており、内容には中国の政治、経済、社会情勢のほか、科学知識も含まれていた。オランダからの情報は「オランダ風説書」として提供され、1644年から1856年までの213年間に250件が現存している。オランダ風説書には主にスペインとポルトガルの情報が含まれており、幕府はこれを通じて西欧の動向を把握した。また、1856年までのオランダ風説書のほかに、パタヴィア（現ジャカルタ）から提供された「別段風説書」がある。これはアヘン戦争などの世界的な情報を含んでいた。

幕府はこれらの情報を基に、海外の動向を把握し続けた。ペリーの来航（1853年）に先立って、幕府は1年前にこの情報を知っていたとされている。また、15代将軍の徳川慶喜は、ペリー来航直後の対外建白書で、「漂流してくるアメリカ漁民は、日本の国情を探るために派遣されたものかもしれないので、アメリカの要求する漂流民保護も許してはならない」として開国に反対した（岩下哲典『日本のインテリジェンス』）。

幕府はキリスト教の布教による侵略と、貿易による大名の権力増大を警戒しつつ、鎖国政策を維持した。その結果、260年の安定政権を保ち、国内文化が栄えた。とは言え、対外情報のための国家組織は育成される環境になかったため、陸続きのヨーロッパと比べると、情報機関の整備は遅れた。

以上のように、鎖国政策は江戸幕府の安定維持のために必要な策であり、幕府が行っていた情報収集努力は「インテリジェンス音痴」と評するには及ばない。幕府は、鎖国体制の下でも中国とオランダからの情報を活用し、西洋の動向を把握し続けた。情報の収集と管理においても相応の努力を払い、重要な対外情報を確保していた。したがって、鎖国政策が当時の国際情勢に対応するための戦略的な妥当な選択であったと言える。

第３節　江戸時代の情報戦と国防意識の発展

◆日本人の世界認識を変えた新井白石の『西洋紀聞』

江戸時代における洋学の発展は、対外情報への関心の高まりを示す重要な証である。18世紀に入ると、幕藩体制の動揺を受けて古い体制からの脱却を目指す動きが現れた。

その一つが洋学の普及であった。初期の洋学は主にスペインやポルトガルから伝わった知識で「南蛮学」と呼ばれていたが、18世紀初頭にはオランダ語を媒介とする「蘭学」が盛んになった。蘭学は西洋の学問や技術、情勢を研究する学問であり、国防や外交戦略に必要な情報の収集と分析が重要視された。

次第に「蘭学」にとどまらず、「洋学」という用語が一般化した。洋学は自然科学、社会科学、人文科学の広い分野で西洋の知識と学問を輸入するものであり、洋学が蘭学に代わって主要な地位を占めるようになった。

洋学は海外への情報関心を高め、国防意識を発展させた。国防を強化するためには、海外の事情を知るだけでなく、先進的な海外の知識や技術を吸収し、それを国防の近代化に反映させることが重要であった。特に江戸末期には、海外からの開国圧力が強まる中、洋学を通じた海外知識の獲得と国防強化が必須の要請となった。

江戸時代中期の政治家であり儒学者の新井白石《あらいはくせき》は、洋学の泰斗である。彼は、第6代将軍・徳川家宣《いえのぶ》の補佐役として文治政治を推進し、外交や経済政策の改革に取り組んだ。しかし、白石の真の功績は、海外の知識や情報を広く紹介し、日本における情報関心を高めたことである。

1708年、イタリア人宣教師シドッチが日本に潜入し、捕らえられた際、白石は彼から西洋の地理、歴史、風土について広範な知識を得た。また、1712年には江戸に参府するカピタン（出島の商館長）からも対外情報を収集し、これを基に『西洋紀聞』や『采覧異言《さいらんいげん》』を執筆した。

『西洋紀聞』は、鎖国下にありながらも1807年から広く流通し、日本人の世界認識に大きく貢献した。一方、『采覧異言』は日本初の体系的な世界地理書であるが、単なる地理書にとどまらず軍事制度への考察も含まれており、後の海防論や富国強兵論の根拠となった。

白石以外では天文・地理学者の西川如見《にしかわじょけん》が、長崎で見聞した海外事情を日本で初めての世界地誌『華夷通商考察』にまとめ、第8代将軍吉宗に謁見して海外事情を語った。

このように、白石や如見の洋学の業績は、江戸時代における海外知識や情報戦の蓄積に大きく寄与し、国防意識の向上を促進したのである。

◆地理学の発達──伊能忠敬の日本地図作成とシーボルト事件

対外情報への関心が高まる中、洋学が普及し西洋知識の蓄積を促進、これが地理学の進展や地図作成にも大きな影響を与えた。正確な地図の作成は国防や情報収集において不可欠であり、そのためには天文、測量、観測といった高度な地理学的知識が必要となる。それは洋学を通じて入手した。

日本における地図作成の功労者として、天文学者の高橋至時《しげとき》とその息子・景保《かげやす》、そして伊能《いのう》忠敬《ただたか》が特に挙げられる。

至時は、１７９７年に西洋暦を取り入れた寛政暦を完成した。息子の景保は、幕府の設置した蘭書の翻訳局である「蛮所和解御用《ばんしょわげごよう》」の主管を務め、洋書翻訳に従事した。この機関は後に「蛮所調所《ばんしょしらべしょ》」となり、近代日本の大学の前身となった。景保はオランダ語、ロシア語、満州語に堪能で、多くの洋書を翻訳した。１８０４年には至時の後任として幕府天文方に就任し、19世紀初頭には国防上の必要から世界地図の作成を命じられた。

景保は１７８０年製のイギリス人アーロ・スミスの『世界図』を基に、東西の資料と間宮林《まみやりん》蔵《ぞう》の樺太調査報告を取り入れ、１８１０年に『新訂万国全図』を作成した。この地図は、日本最初の本格的な世界地図である。

一方、伊能忠敬は商人から転身し、１７９５年に上京して至時に師事した。測量と天文学を学び、至時と共に日本各地の経度・緯度の測定に取り組んだ。１８９２年、ロシアの圧力を受けて蝦夷地の調査が急務となり、１８００年に忠敬は55歳で第一次測量に赴いた。彼の測量は１８００年から１６年まで続き、全国を踏破したが、残念ながら死去時には地図は未完成のままであった。

忠敬の死後、景保を中心に地図作成が進められ、１８２１年に『大日本沿海輿地《よち》全図』が完成した。これにより、日本の国土の正確な姿が明らかとなり、地理学と地図作成の重要性が広く認識されるようになった。

その後、この日本地図が一つの密輸事件を引き起こした。ドイツ人医師シーボルトは１８２３年に長崎のオランダ商館の医師として来日し、翌年には長崎郊外の鳴滝《なるたき》に診療所兼学塾を開設した。伊東玄朴《いとうげんぼく》、高野長英《たかのちょうえい》ら数十名に西洋医学を教授した。シーボルトはカピタンの江戸参府に随行し、半年間の江戸滞在中に天文方の景保と知り合った。

景保はシーボルトの求めに応じ、禁制品であった『大日本沿海輿地全図』の縮図を渡した。１８２８年9月、シーボルトは任期を終えて帰国するが、この際に禁制地図の持ち出しが発覚した。これが世に有名なシーボルト事件である。事件発覚の経緯には諸説あり、暴風雨によって積荷が露見したという説や、景保との確執があった間宮林蔵による密告などがある。

シーボルトはスパイ容疑で1年間の糾問《きゅうもん》を受けた末、1829年10月に海外追放と再入国禁止を宣告された。一方、景保は1830年に獄死した。この事件に関連して多くの関係者や洋学者が逮捕された。

景保は地図を渡したことが発覚すれば自らの生命が危険に晒されることを承知していたが、それでもシーボルトが持つ貴重な情報を得るために禁制品の地図を渡した。この事件は、「情報はギブ&テイクである」という重大な原則を物語っている。

◆国防意識と対外情報の高まり――モリソン号事件と蛮社の獄

天保年間には、米不足による治安の乱れや民衆一揆が頻発し、幕藩体制が揺らぐ事態が続いた。特に、1837年の大塩平八郎《おおしおへいはちろう》による武装蜂起は幕府に大きな衝撃を与えた。

この時期、対外問題も深刻化した。1837年には、アメリカ商船モリソン号が浦賀に接近し、日本人漂流民7人の送還を口実に日米交易を迫った。幕府は「異国船打ち払い令」(1825年)に基づき、アメリカ商船を撃退した(モリソン号事件)。

この事件を受け、1838年に渡辺崋山《かざん》は『慎機論《しんきろん》』を著し、高野長英は『戊戌《ぼじゅつ》夢物語』を著して、モリソン号事件に対する幕府の対応や鎖国政策を批判した。これに対し、幕府は1839年に崋山と長英に対して蟄居《ちっきょ》と永牢《えいろう》の処分を下した(蛮社《ばんしゃ》の獄)。それにもかかわらず、国防意識は日に日に高まっていった。

1853年、ペリー来航を契機に日本は開国を余儀なくされた。それ以降、オランダ人以外の諸外国人も次第に来日するようになり、英仏などの学術や文化が言語と共に流入した。洋学の普及は砲術家の高島秋帆《しゅうはん》や佐久間象山《しょうざん》らの軍事思想に大きな影響を与えた。特に象山は開国派として知られ、横浜開港を具申するなど、開国論の礎を築いた福沢諭吉や勝海舟に影響を与えた。

また、幕末の志士である吉田松陰も象山に師事し、アヘン戦争で清が西洋列強に敗北した後、西洋兵学を学ぶために九州に遊学し、その後、江戸に出て象山の門を叩いた。国外からの脅威が顕在化する中で、鎖国体制は動揺し、外国への関心が高まった。この変化は開国か攘夷かという国家戦略の策定に向けた重要な岐路となった。戦略判断には、諸外国の状況を把握し、日本の国力を知り、当時の清国などの情勢を理解することが不可欠であった。

わが国の『孫子』の伝来は古くからあったが、江戸幕府が幕末に向かう中、「彼を知り己を知れば百戦殆《あやう》からず。彼を知らずして己を知れば、一勝一負す。彼を知らず己を知らざれば、戦う毎に必ず殆し」の重要性をひしひしと認識するようになったと言える。

第4節　情報戦に影響を与えた武士道

◆武士道とは何か

ところで、忍者の存在が「武士道」によって忌避され、さらには武士道が戦前の日本の諜報活動を「卑劣なもの」とした結果、情報活動の発展が阻害され、大東亜戦争の敗因の一つになったという説がある。このような主張を理解するには、まず「武士道」という概念が何であり、どのように形成され、どのような価値観を持っていたのかを正しく理解することが不可欠だ。

武士道は、新渡戸稲造《にとべいなぞう》の著書『武士道』を通じて西洋にも広く知られるようになったが、その精神は古代日本の文化に深く根ざしている。新渡戸は、武士道が仏教や神道の教えを吸収した精神的な規範であり、源頼朝の時代以前からその基盤が存在したと主張している。鎌倉時代における楠木正成の忠義や、理想的な武士の生き方を象徴する彼の振る舞いは、武士道の本質を体現するものとして後世に語り継がれている。

「武士道」という言葉が初めて文献に登場するのは、江戸時代初期に成立した『甲陽軍鑑』である。この書物は、武田信玄を中心とする甲州武士の事績や心構えを記したもので、編集者については諸説あり、後世に書き写されながら伝わったとされる。信玄は情報収集や密偵の運用に長けた将軍であり、その諜報活動には主君に忠義を尽くし、裏切らず、騙さずに働く者たちが必要とされた。つまり、時には卑劣と見える手段に及ぶ情報戦においても、「武士道」の精神が求められたのだ。

江戸時代に入ると、戦乱の時代が終わり、武士道は戦いの心構えから道徳的規範へと変化していく。江戸時代の武士道には、『葉隠《はがくれ》』に見られる武士道、山鹿素行《やまがそこう》の「士道」、そして山岡鉄舟《てっしゅう》が唱えた「武士道」など、さまざまな形態が存在している。

武士道は、徳川幕府が封建体制を維持するために大いに利用されていた。例えば、武士道に憧れた幕末の新撰組は、「誠」の字の紋章を背負い、反幕府勢力の取り締まりを行った。

その後、武士道は幕末維新を主導し、日清・日露戦争における出征軍人の目覚ましい活躍を促し、特に日露戦争における歴史的勝利に貢献したとされている。

こうした武士道精神の影響を受けた兵士たちが、「誠」の精神をもって戦ったことは、戦後の日本の軍事思想にも大きな影響を与えている。

◆儒学者山鹿素行の士道とは

山鹿素行が説いた「士道」を理解するためには、武士道と儒学の深い関わりを知ることが重要である。儒学は孔子や孟子の教えに基づき、社会の秩序と倫理を重んじる学問である。江戸時代初期、幕府は政治の安定化策として儒学を導入し、封建社会における身分秩序の維持に利用した。特に林羅山《はやしらざん》や新井白石に代表される朱子学は「大義名分論」を基礎とし、主君と臣下の秩序を強調することで幕府の権威を支えた。

しかし、素行は朱子学に異を唱え、儒学の源流に立ち返ることを求めた。彼の主張は、形式的な儒教ではなく、武士が真のリーダーとしての徳を磨き、人格的修養を積むことにあった。

彼は著書『聖教要録』で朱子学を批判し、武士に道徳的リーダーシップを求めた。彼は赤穂浪士の教育にも深く関わり、戦うだけでなく、社会の模範となるよう指導した。同時代に佐賀藩の山本常朝《つねとも》が伝えた『葉隠』では、「武士道とは死ぬことと見つけたり」という死生観が強調されており、この思想は後の陸軍省の東條英機による「戦陣訓」に影響を与えたとされている。

しかし、素行の「士道」は、単なる戦いの術を説くものではなく、武士が道徳的責務を果たすことを強く求めていた。このような素行の士道は、幕末の尊王攘夷思想と共鳴し、倒幕運動に影響を与えた。さらに、明治維新後には日本の秩序形成にも寄与し、明治天皇の『軍人勅諭』において「忠節」「礼儀」「武勇」「信義」「質素」の五箇条として結実した。

素行が他の儒学者と異なる点は、彼が兵法家としての背景を持っていたことである。彼は『孫子諺義《げんぎ》』を著し、楠木正成に強く傾倒し、『楠木正成一巻書』の序文も書いている。素行が広めた山鹿流兵法の源流には、『孫子』の「兵は詭道なり」と、『闘戦経』の「正々堂々と戦う」教えが根付いている。素行が武士に道徳的リーダーとしての責務を果たすことを求めた「士道」は、彼が武芸者であったからこそ、実戦的で説得力のある思想として徳川時代の武士に影響を与えたのである。

◆武士道と情報戦の一体化

では、武士道は戦前の日本軍における諜報活動や情報組織の発展を阻害したのだろうか。畠山清行著・保坂正康編『秘録 陸軍中野学校』にある記述を要約すると、次のように述べられている。

「幕府は武士道を利用して諜報活動を抑制し、忍者を統制した。一方で、武士自身が諜報活動を行うことを禁じた。これは、幕府が自身の弱点を探られるリスクを避けるためであり、伊賀者や甲賀者の忍者たちは幕府直轄の『お庭番』として管理された。また、他者の欠点を密かに探る行為は卑怯であるとされた。この政策が日本軍の諜報活動に影響を与え、大東亜戦争開戦前まで陸軍大学では諜報教育が行われず、それが戦争における敗因の一つとなった。」

武士道の根底には「誠」という概念があり、これは虚偽を排し、真実を重んじることを意味する。この「誠」は、儒教から取り入れられた倫理観であり、武士道においても正直さが美徳とされている。しかし、山鹿素行が説いた「誠」は単なる表面的な正直さにとどまらず、彼は「誠は自然の情である」とし、目的が正しければ手段が卑劣に見えたとしても「誠」となるという解釈を示している。

表層的な武士道の解釈では、諜報活動に対する正統性を得ることは難しいが、素行の「誠」の理念に基づけば、目的が崇高である限り、手段の道徳性は厳しく問われない。この考え方により、諜報活動という時には卑劣と思われがちな手段にも「誠」が宿り、正当化されるのである。ただし、素行が戒めたように、無分別な行動や利己的な諜報は厳しく抑制されるべきものであり、武士道における「誠」はあくまで高い目的のための倫理的な指針として機能する。山鹿素行の「誠」の思想を基に、陸軍中野学校などでは情報戦における正当性を見出し、謀略を含む諜報活動を推進しようとする試みが見られた。

しかし、これが全体的に日本軍に広く根付いたかといえば、必ずしもそうではなかった。武士道の伝統的な側面――特に勇猛さや正直さを美徳とする精神が強調される中で、実際には突撃精神や自己犠牲を重んじる戦術が優先され、諜報活動や策略的な戦法は十分に発展しなかった。結果として日本軍は戦略的な欠陥を抱えたまま、大東亜戦争の荒波へと突入していったのである。

第3章 帝国の挑戦

——日清・日露戦争における情報戦の成長

第1節　日本の近代情報戦の幕開け

◆ペリー来航と吉田松陰の遺志

ペリー来航の翌年、日米和親条約が締結され、下田と箱館が開港し、鎖国は終わりを迎えた。しかし、アメリカはさらなる通商条約の締結を要求し、1858年、井伊直弼《いいなおすけ》は朝廷の反対を押し切って幕府独断で日米修好通商条約を締結した。この行動に対し、尊皇攘夷派は天皇を無視するものとして激しく批判し、井伊は反対派を弾圧した（安政の大獄）。こうした圧政に不満を抱いた水戸藩士らは、1860年に井伊直弼を暗殺した（桜田門外の変）。この安政の大獄で処刑された一人が、吉田松陰であった。

松陰には二人の師、山鹿素行と佐久間象山がいた。素行は約200年前の人物であり、直接の師弟関係ではなかった。松陰は素行の書物から兵法を学んだ。象山の方は松陰が1850年に江戸で直接師事し、洋学を学んだ。象山は1853年のペリー来航に際して、「下田ではなく横浜を開港すべきだ。それが無理ならオランダから軍艦を輸入し、有望な若者をオランダへ留学させて造船学を学ばせよ」と、早期の開国と国防強化を主張していた。

1854年の日米和親条約の締結に際しては、アメリカの内情を知らないまま弱腰の外交を展開する幕府を、象山は痛烈に批判した。彼は「自分のような身分の低い家臣であっても、敵の策略を見破り、勝利を収める策がある。風船を手に入れて、ワシントンまで飛んで情報を得ることはできないものか」と、夢物語ながらも対外情報の重要性を痛感していた。象山にとって、情報なくしては「尊皇攘夷」も「開国」も成り立たない。それが彼の信念だった。

しかし、象山には藩や日本を離れることができない事情があり、自らが果たせない夢を松陰に託すこととなった。松陰はその期待に応えようと密航を試みたが、失敗して捕らえられ、牢獄に入れられた。松陰は『幽囚録』の中で「今こそ世界に目を向け、海外の実情を知るべきだ」と訴えている。彼は「欧米諸国、オーストラリア、シナ、朝鮮など、我が国にとって知っておくべき国々を視察しなければ、文書や伝聞だけでは不十分だ」と主張し、実際に海外に優秀な人材を送り出す必要性を説いた。

松陰は命を賭して鎖国の禁を破り、自ら「上智」となって国家防衛に必要な情報を得ようとした。しかし、時代は無情であった。松陰の決起は未遂に終わり、生きた対外情報を得て国策や防衛戦略に活かすことは遅れたのである。

だが、彼の思想は地下水脈のように息づき、久坂玄瑞《くさかげんずい》、高杉晋作、伊藤博文といった弟子たちがその遺志を引き継ぎ、明治維新の原動力となったのである。

◆咸臨丸の渡米と長州五傑のロンドン密航留学

1858年の日米修好通商条約の批准文書交換のため、幕臣の新見正興《しんみまさおき》や小栗忠順《ただまさ》らの遣米使節がアメリカ軍艦ポーハタン号で派遣された。同時に、幕府が進めてきた海軍伝習の成果を試すために幕府軍艦咸臨丸《かんりんまる》が派遣された。

船尾には、1854年に決めた国旗「日の丸」を国際慣習法に則り掲揚した。これには勝海舟、福沢諭吉、中浜（ジョン）万次郎などが乗船した。彼らはアメリカから新たな見聞を持って帰国した。国際社会に船出しようとする日本にとって、国際法や西洋の学術・技術を知ることは急務であることが認識された。

1862年、幕府はオランダに対して国際法の学習、軍艦の発注、医学知識の習得などの目的で、軍艦操練所から榎本武揚《えのもとたけあき》を、蕃書調所《ばんしょしらべしょ》から津田真道《まさみち》や西周《にしあまね》らを派遣した。

翌1863年には、伊藤博文、井上馨《かおる》含む長州五傑がロンドンに密航留学し、西洋の多くのことを学んだ。これにより、彼らは吉田松陰の遺志をようやく実現させたのである。

同時期に、薩摩藩からも19名（そのうち2名は他藩出身者）の密航留学生がロンドンに派遣された。これは、薩摩藩主の島津斉彬《なりあきら》が1857年から構想していた計画が、斉彬の死後に実行されたものである。

明治維新後の1871年12月から1873年9月まで、アメリカや欧州諸国に向けて、岩倉具視《ともみ》をリーダーとし、政府首脳陣や留学生を含む総勢107名による岩倉使節団が派遣された。こうして、彼らが得た海外の知識が文明開化を促し、明治維新後の日本の近代化を支える大きな力となったのである。

他方、1862年に発生した生麦事件が原因で、1863年には薩摩藩とイギリスとの間で薩英戦争が勃発した。さらに、翌1864年には長州藩と英・米・仏・オランダによる四国連合艦隊との間で馬関戦争（下関戦争）が起こった。両藩はこれらの戦いを通じて欧米列強の軍事力を実感し、攘夷を断念し、開国路線へと舵を切ることとなった。

◆明治政府による情報戦指導組織の設置と海外大使館の設立

1868（慶応4・明治元）年の大政奉還と明治政府の成立により、日本は列強と同様に帝国主義的政策を推進し、植民地支配や勢力拡張を目指した。日清戦争以前、日本の情報活動を指導する上で中心的な役割を担ったのは、陸軍の参謀本部と海軍の海軍軍令部である。なお、外務省や内務省にはこのような情報戦を指導する機関は設置されておらず、軍がその役割をほぼ独占していた。

参謀本部の前身は、1871（明治4）年に設立された兵部《ひょうぶ》省陸軍参謀局である。翌年、兵部省は陸軍省と海軍省に分かれ、陸軍参謀局は陸軍省参謀局に改称された。当初の任務は情報収集や分析であったが、征韓論や征台論が高まる中で作戦機能も強化されていった。1878（明治11）年には陸軍省から独立して参謀本部が設立され、軍令を専門に扱う機関となった。このように、陸軍においては軍政（陸軍省）と軍令（参謀本部）が分離された。

一方、海軍も1884（明治17）年に海軍省軍務局が廃止され、新たに軍事部が設置された。

これにより、海軍の軍令専門機関が初めて設置され、陸軍と海軍が共に軍令機関を保有する体制が整った。すなわち、作戦および情報の任務は、参謀本部と軍事部がそれぞれ担うこととなった。

1886（明治19）年、参謀本部が陸海軍の軍令を一手に司ることになり、参謀本部には陸軍部と海軍部が設けられた。しかし、1888年には陸軍参謀本部と海軍参謀本部が並列することとなった。1889年には陸軍の参謀本部と海軍参謀部が設置される。当初は参謀本部が海軍も管轄する案があったが、海軍の反発により、最終的には並列となった。このように、軍の指導体制を巡って陸軍と海軍の対立があったが、これは薩摩（海軍）と長州（陸軍）の対立が背景にあったのである。

また、対外情報の収集に目を向けると、1873（明治6）年11月、日本は清国との外交関係正常化のために初の大使館である清国公使館を設立した。この公使館は、中国大陸での陸軍諜報活動の重要な拠点となり、大陸各地への情報網を構築した。1875年2月には、清国公使館付武官として福原和勝《ふくばらかずかつ》大佐が派遣され、これが駐在武官制度の始まりである。その後、1875年3月には後の総理大臣・桂太郎が在ドイツ公使館付武官として赴任し、1883年には福島安正が清国公使館付武官に任命された。海軍でも1884年に在英武官が任命され、同年9月には後の総理大臣・斎藤実《まこと》が在米公使館付武官として派遣された。

このように、日清戦争以前に日本の情報戦指導体制の骨格が段階的に整備されていった。しかし、これはあくまで軍を中心としたものであり、結果として軍が国家戦略の大部分を主導する体制へとつながっていった。また、このことは、情報戦の展開においても軍の影響力が強く、他の政府機関との連携が乏しかったことを示している。

第2節　日清戦争時の情報戦

◆伊藤博文首相下での挙国一致の政軍関係

19世紀中頃、清国は西洋列強からの侵略の歴史を受け、徐々に弱体化していった。一方、日本は明治維新を経て急速に近代化を進め、軍事力を強化した。清国の弱体化を背景に、日本は朝鮮半島や中国大陸における自国の影響力の拡大を目指すようになった。

こうした地域のパワーバランスの変化の中、1894（明治27）年には朝鮮半島で甲午《こうご》農民戦争が勃発し、清国は朝鮮に出兵した。これに応じて、日本も出兵を決定した。両国の軍事的な衝突は不可避となり、国際的な緊張が高まった。日本は戦争を通じて地域における覇権を確立し、清国の影響力を排除することを目指した。

日清戦争では、日本軍が優れた規律と兵器によって圧倒的な優位を示し、戦局を有利に進めた。日本は清国軍を朝鮮半島から排除し、遼東半島を占領。さらに、黄海海戦で北洋艦隊を撃破し、威海衛《いかいえい》を占領するなど、わずか9か月で勝利を収めた。

戦争の指導には、伊藤博文首相、陸奥宗光《むつむねみつ》外相、大山巖《いわお》陸軍相、西郷従道《つぐみち》海軍相などが当たった。当時の国家および軍の中枢組織には、情報（インテリジェンス）の価値を理解する人物が存在した。首相や陸軍参謀総長を数回歴任した山縣有朋《やまがたありとも》は、日本陸軍の基礎を築いた「国軍の父」であり、彼は桂太郎、川上操六《そうろく》の師となる存在であった。

桂は3度首相を歴任するが、彼の軍人キャリアの出発点は情報将校であった。桂は1870（明治3）年から3年間ドイツに留学し、帰国後に陸軍大尉に任官。第六局（参謀本部の前進）で勤務し、少佐に進級後に参謀本部設置に伴い、その諜報事務に就いた。1875年から3年間ドイツ公使館附武官として赴任し、1878年7月に帰国後、参謀局諜報事務に復帰した。

山縣有朋（1838〜1922年）
［国立国会図書館「近代日本人の肖像」］

1893（明治26）年には、戦争を意識した挙国一致の気風が高まり、参謀総長が陸海軍の軍令を担当することが決定された。参謀総長は形式的には皇族職（有《あり》栖《す》川《がわ》宮）であったが、実際には参謀本部次長の川上が指揮を執った。海軍では、薩摩出身で川上より11歳上の大先輩の樺山資紀《かばやますけのり》が海軍軍令部長に就任し、彼は川上の指揮に従った。

川上は薩摩藩の出身であり、1877年の西南戦争では苦渋の選択から陸軍に残り、尊敬する薩摩藩の西郷隆盛と戦った。川上は桂、児玉源太郎とともに「明治陸軍の三羽烏」と呼ばれた。川上は1884（明治17）年、桂太郎とともに大山巌・陸軍卿に伴い欧州視察旅行を行い、将来の「軍政の桂」「軍令の川上」を誓った。

1893年、川上は清国と朝鮮に敵情視察に赴き、「先制奇襲すれば清国への勝利は間違いない」と確信を得て帰国した。この際、副官の伊地知幸介中佐（日露戦争時の第三軍参謀長）、田村怡与造《いよぞう》中佐（のちの参謀本部次長）と情報参謀の柴五郎大尉（後に大将）を連れて行った。移動中の船舶で、荒尾精《あらおせい》と根津一《はじめ》（後述）から清国の現況報告を受けた。

川上操六（1848〜1899年）

［国立国会図書館「近代日本人の肖像」］

1894年6月、初めての大本営が東京の参謀本部内に設置され、8月には皇居内、9月には広島に移転し、明治天皇もここに移られた。戦場には山縣有朋（第一軍）、大山（第二軍）、伊東祐亨《いとうすけゆき》（連合艦隊）が派遣された。山縣が現地での独断先行を試みたが、伊藤首相と川上ラインで統制された。

政治と軍事、陸軍と海軍の指導者が私利私欲を超えて組織の利益を最優先にする挙国一致の体制を取った。国家目標を定め、情報活動を通じて自信を深め、一貫した戦略と戦争指導が戦争勝利を引き出した。この体制が勝利の要因であった。組織は人である。情報の重要性を認識する国家、陸軍参謀本部の長がしっかりとした情報運用を行ったことが、高品質の戦略情報や作戦情報を生み出したのである。

◆功を奏した開戦前の大陸での諜報活動

日清戦争の前から、日本は朝鮮半島や中国大陸に諜報員を送り込んでいた。その中でも、岸田吟香《ぎんこう》は商業活動を通じて強固な情報基盤を築き、参謀本部の若手参謀と密接に連携。現役を退いた軍人と民間人が協力する「軍民一体」の諜報体制を作り上げた。

荒尾精もまた重要な役割を担った。フランス語を習得した荒尾は、陸軍に入営後、商売を通じて中国での現地調査と諜報網の整備に努めた。彼の努力は「日清貿易研究所」の設立につながり、同研究所は日中貿易の実務者を育成する場となった。

荒尾は1896（明治29）年、台湾でペストに罹患《りかん》し命を落としたが、その後、彼の友人であった根津一や近衛篤麿《このえあつまろ》によって、日清貿易研究所は「東亜同文書院」へと発展した。

根津は陸軍士官学校で荒尾と交流を持ち、中国への強い志を抱くようになった。陸軍大学に進んだ根津は、兵学教官メッケル少佐に学ぶも、ドイツ至上主義と日本陸軍軽視に反発し、論旨退学処分を受けた。その後、上海に赴任し、日清貿易研究所の運営に尽力。荒尾が編纂を開始した『清国通商総覧』の編集にも携わった。この『総覧』は清国の現地調査をもとにした約2000ページに及ぶ百科事典であり、日清戦争において兵用地誌として活用された。

1893年に帰国した際、根津は川上参謀本部次長から駐支那公使館付武官の職を勧められるも固辞し、福島安正の後任となる参謀本部編纂課長の推薦も辞退した。その後、根津は東亜同文書院の初代および三代目院長を務め、上海にて20年以上にわたり日本人教育に尽力した。この学校は約50年の歴史を持ち、数千人の日本人学生と数百人の中国人学生を育成した。卒業生には後に「阿片王」と呼ばれる里見甫《はじめ》や、国家主義団体「玄洋社」総裁・頭山満《とうやまみつる》の長男である頭山立助《りゅうすけ》が含まれている。

◆戦争の背面で繰り広げられた外交・諜報戦

日清戦争は、日本にとって単なる軍事的勝利以上の意味を持つ、国際舞台での「デビュー戦」だった。列強の一角に加わるため、明治政府の最重要課題は、江戸幕府が押し付けられた不平等条約を撤廃し、真に独立した主権国家の姿を示すことにあった。外務大臣・陸奥宗光は、その課題に挑むべく、外交の最前線で闘い続けた。しかし、その道は決して平坦ではなかった。

戦争が勃発する直前、陸奥は最大の成果を挙げた。イギリスの協力を取り付け、日英通商航海条約を締結。これにより、日本はようやく「領事裁判権なし」の撤廃と、部分的ながらも「関税自主権の回復」を実現。世界に向けて、文明国としての位置づけを高らかに宣言したのである。

1895(明治28)年4月、日清戦争は終息を迎え、下関条約が締結された。交渉の中心に立った伊藤博文と陸奥宗光は、清国代表の李鴻章《りこうしょう》との対決を前にして、交渉を有利にするための策を練った。会場となった春帆楼《しゅんぱんろう》からは、日本の軍艦が狭い関門海峡を進む姿が見え、清国側使節団に日本の実力を見せつけた。脅威を与え、交渉を有利に進めるとの心理戦を含んだ計算し尽された演出であった。

さらに、交渉の舞台裏では、日本は清国使節団と本国との電信通信を傍受し、そこから得た情報を使い、相手の意図を事前に見抜いた。清国が「1億テール」で妥協しようとする意思を察知した日本は、すかさず「2億テール」(約3億円)を提示し、主導権を握った。講和の条件が都合よく清国に脚色されないよう、英米仏露独伊にその全文を通告するなど、周到な策が講じられた。

こうして、日本は日清戦争を通じて単なる軍事的勝利を超え、巧みな外交戦略と情報活動により、国際社会での地位を大きく向上させた。しかし、この戦いの輝かしい成果の裏には、旅順における虐殺という暗い影も存在した。外国の新聞がこれを報じたが、国際法や世論の力に対する認識不足が、その後の日本の外交に深刻な課題を残すことになったのである。

第3節　日露戦争時の情報戦

◆ロシアの南下政策と日英同盟

ロシアは19世紀初頭から樺太や択捉《えとろふ》の日本人居留地を襲撃しており、これを当時の元号に基づいて「文化露寇《ぶんかろこう》」と呼んでいた。ロシアは日本とアメリカの和親条約を根拠に国交を迫り、1855年に日露和親条約を締結した。

明治に入ると、1875（明治8）年に日本はロシアと「樺太・千島交換条約」を締結した。樺太の経済的利益は千島に比べて圧倒的に大きかったが、日本はロシアの強引な交渉に屈する形となった。

ロシアの南下圧力に対抗するため、日本は戦略的要衝である朝鮮半島の近代化を推進し、朝鮮の独立を巡って清国との間に日清戦争が勃発した。この戦争に勝利した日本を牽制するため、ロシアはフランスとドイツに呼びかけ、割譲された遼東半島を清国に返還することを要求した（三国干渉）。日本は列強からの干渉を予測していたものの、「それほどのことはないだろう」と楽観視しており、情勢判断の甘さが露呈した。結果、日清戦争は「戦争に勝って外交に負けた」とも言われるようになり、軍事だけでなく政治情報の重要性を強調する教訓となった。

日本はアメリカやイギリスを味方にして三国干渉を切り崩そうと試みたが、結局、遼東半島は清国に返還され、その後、ロシアが１８９９（明治32）年に清国から租借《そしゃく》した。遼東半島は朝鮮半島に隣接する戦略的な位置にあり、ロシアの駐屯は日本にとって大きな軍事的脅威となった。こうして日露戦争へとつながる戦略環境が形成されたのである。

１９０２（明治35）年に締結された日英同盟は、日露戦争での日本の勝利に計り知れない貢献をした。この同盟により、日本はイギリスから重要な機密情報を得ることができ、戦争遂行において大きな助けとなった。

この同盟が成立した主な要因は、日本の戦略的状況と、ロシアの南下政策に対するイギリスの警戒心が一致したことにあった。具体的には、ロシアの極東進出が清国東北部でのイギリスの経済的利益を脅かすこと、さらにロシアがトルコ方面に南下してイギリスの利権を危険にさらすことをイギリスは懸念していたのである。イギリスはアメリカやドイツとの同盟を模索したものの、両国が積極的でなかったため、日本との同盟が選ばれた。

また、１９００（明治33）年に清国で起こった義和団《ぎわだん》事件での駐在武官・柴五郎中佐の活躍も、イギリスに対する日本の信頼性を高め、日英同盟締結に貢献した。柴は後に陸軍大将に昇進するが、陸軍大学を経ず、主に長年の海外勤務経験を基に昇進した珍しい情報将校であった。

◆桂、川上の政治・軍事指導

日露戦争の舵を取ったのは、日清戦争で師団長を務めた長州出身の桂太郎であった。第一次桂内閣は山本権兵衛《ごんべえ》海相と児玉源太郎陸相以外、全員が初入閣の若手で「小山縣《しょうやまがた》内閣」とも揶《や》揄《ゆ》された。桂は、ロシアとの戦争が避けられないと判断し、１９０１（明治34）年９月に小村《こむら》寿太郎《じゅたろう》を外相に起用し、日英同盟の締結を目指す戦略に踏み切った。

当時、元老間での対ロシア政策を巡る論争が激化しており、山縣有朋が対ロ強硬派、伊藤博文が戦争回避派であった。１９０３年、京都の山縣の別荘で調停会議が開かれ、桂は「ロシアが朝鮮半島に侵略するなら戦争を辞さない」と主張、山縣や伊藤から同意を得た。この一幕は、元老が内閣に強い監督力を有していたことを示している。

桂太郎（1848～1913年）

［国立国会図書館「近代日本人の肖像」］

軍事面では、１８９８年に川上操六が参謀総長に就任したものの翌年５月に急死し、大山巌が参謀総長、寺内正毅《まさたけ》が参謀本部次長に応急任命された。１９０２年には児玉源太郎が陸相から内相に転任し、寺内が陸相、田村怡与造が参謀本部次長に昇進。だが田村も過労で１９０３年に急死し、軍部は動揺する。ここで〝火中の栗〟を拾ったのが児玉であり、内務大臣から格下の参謀本部次長となった（ただし、親任官の台湾総督も兼務したので降格人事ではない）。

大山と田村は開戦慎重派であったが、山本海相は開戦積極派であったため、陸海軍間には緊張があった。だが、開戦積極派の児玉が参謀本部次長になったことで開戦に向けて協調が進んだ。

1904（明治37）年2月、日露戦争が勃発し、大本営が設置されたが、現地指揮の必要性から同年6月に大本営はそっくり満州へ移動、満州軍総司令部が編成され、大山が総司令官、児玉が総参謀長として前線に立った。一方、海軍では東郷平八郎が連合艦隊司令長官に抜擢《ばってき》された。これが日本海海戦での勝利につながる大きな要因となった。

◆日本陸軍最大の課題――作戦から完全分離できない情報戦指導体制

日露戦争における日本陸軍の情報戦指導体制は、その前史から続く長い試行錯誤の末に形成されたものであった。

1878（明治11）年、陸軍省から分離して設置された最初の参謀本部は、作戦と情報が未分化のまま、その役割を地域ごとに担っていた。総務課や地図課などに加え、中心となる管東局と管西局は、それぞれ朝鮮、満州、樺太から清国沿海に至る広大な地域を分担し、敵対する国々の動静を密かに追っていた。

やがて、作戦と情報を明確に区別する必要性が高まり、1896（明治29）年に参謀本部は六部制へと改編された。これにより、第一部が作戦を、第三部が外国の軍事情報や諜報、軍事統計を担当することになり、情報部門は独立して本格的に機能し始めた。

しかし、日露関係が悪化した１８９９年、参謀総長の川上操六は再び作戦と情報を統合し、かつての地域分担制へと戻した。この決定は、ドイツ参謀本部の影響を受けたという説もあるが、その真相は今もはっきりしていない。

日露戦争が勃発したとき、陸軍首脳は作戦と情報が混然一体のままでは、広大な満州の戦場で迅速かつ的確な対応を取ることは不可能だと認識し、作戦と情報を地域分担制から解き放ち、二つの部門を独立させた。児玉源太郎総参謀長以下の陣容は松川敏胤《としたね》大佐を作戦課長に、福島安正少将を情報課長に据え、両者に明確な役割分担を与えた。この再編成は、戦局を見据えた「戦場の頭脳」の再構築とも言えるものであった。

しかし、実態は目論見通りには進まなかった。松川の作戦課が福島の情報課を軽視し、独自に情報を収集し始めるという対立が、現地で徐々に表面化した。命令系統が複雑化し、現場の混乱が生まれる中で、互いに歩調を合わせることの難しさが露呈した。情報が正確に伝達されず、作戦に生かされなかった場面も少なくなかった。

この一連の出来事は、作戦と情報という二つの要素が、バランスよく独自性と連携を保持することが必須であることを物語っている。つまり、情報が作戦の都合によって歪められず、かつ情報が作戦により密接に吻合《ふんごう》すべきである。この両方の要請のバランスこそが、戦局を左右する鍵であり、日本陸軍が抱えた最大の課題であった。

◆イギリスから得たグローバルな戦略情報と海底ケーブル敷設

情報（インテリジェンス）は、その使用目的に応じて戦略情報と作戦情報に区分される。戦略情報は大部隊の運用や政策判断に使われ、作戦情報はその目標達成のための方法・手段を規定する。わかりやすく言えば、「いかにあるべきか」を決めるのが戦略情報であり、「どのように行うべきか」を決めるのが作戦情報である。

戦略情報においては、敵対国の能力や意図、将来の行動、中立国の思惑などを明らかにすることが求められ、そのためには慎重かつ的確な分析が必要である。

１９０２（明治35）年に日英同盟が成立したことにより、国際レベルでの情報収集、分析、そしてそれを戦略に活用する体制が強化された。同年7月には日英軍事協商が成立し、両国は情報を自由に交換することが規定された。この協商により、日本はロンドン駐在武官を通じて、対ロシア戦略情報やインド方面の情報を入手することが可能となった。

合意された内容は主に海軍協力に関するものであり、次の8項目が含まれていた。

○共同信号法を定める。
○電信用共同暗号を設定する。
○情報を交換する。

○戦時における石炭（日本炭、カーディフ炭）の供給方法を定める。
○戦時の陸軍輸送におけるイギリス船の雇用を図る。
○艦船に対する入渠《にゅうきょ》修繕の便宜供与を図る。
○戦時両国の官報をイギリスの電信で送付する。
○イギリス側は予備海底ケーブルの敷設に努める。

この協商は、双方が通信による情報共有の重要性を理解しており、日露戦争を「情報戦争」と認識していたことを示している。イギリスは世界中に海底ケーブルを敷設し、ロシア海軍の動きを綿密に監視していたため、日本も日英軍事協商を通じてイギリスから貴重な情報を受け取ることができた。

日本で初めて海底ケーブルが敷設されたのは1871（明治4）年のことで、長崎と上海、長崎とウラジオストクを結ぶものであった。これを手掛けたのはデンマークの大北《だいほく》電信会社（グレート・ノーザン・テレグラフ）であったが、その背後にロシアの影響があったため、軍事通信に独占利用できないことや情報漏洩の懸念が問題とされた。その後、1883年には呼子《よぶこ》（佐賀）と朝鮮半島南東の釜山《プサン》を結ぶ海底ケーブルも敷設された。

こうした背景から、児玉は日本独自の海底ケーブルを構築し、台湾や朝鮮半島、中国へとつなげ、さらにイギリスの通信ネットワークと連携する方針を打ち出した。また、無線通信の重要性も認識し、艦艇間や陸上との無線通信の確保にも取り組んだ。これにより、日露戦争に関する情報が迅速にロンドンに伝わる体制が整えられた。

東京とロンドン間の電報は、東京から大隅半島を経由し、台湾の基隆《キールン》や淡水、さらに福州を通ってイギリス領香港に至る。その後、南シナ海を抜け、ボルネオ、マラッカ海峡、インド洋、紅海、地中海を経由してロンドンに届けられた。

バルチック艦隊がアフリカ大陸南西端の岬・喜望峰《きぼうほう》やインド洋を周回する情報も、インドやアフリカから秘密裏に日本へ送られ、「明石工作」の暗号電報もこの回線を通じて東京に速報された。陸軍参謀本部は武官を通じてイギリスのグローバルな戦略情報を入手した。

児玉源太郎（1852〜1906年）

［国立国会図書館「近代日本人の肖像」］

イギリスには、宇都宮太郎・在英陸軍武官と鏑木《かぶらぎ》誠・海軍武官が派遣されていた。宇都宮は、英陸軍参謀本部作戦部のエドワード・エドモンズ少佐と親交を深め、彼から得たロシア陸軍の動向を逐次東京に報告した。イギリスはロシアと同盟関係にありながらも、ドイツやフランスからロシア宮廷や軍内部の秘密情報を入手し、さらに世界中に広がるユダヤ・コネクションからも貴重な情報を得ていた。開戦後、イギリスは22人の観戦武官を戦場に派遣し、彼らの情報は日本の駐在武官を通じて伝えられた。

こうしたイギリスの情報に基づき、大本営は満州のロシア軍兵力を算定し、情報判断と作戦計画の策定に役立てた。開戦後も、各国の観戦武官や新聞・通信社を通じて得られた情報は、日本にとって貴重な戦術情報となり、日英同盟の効果を一層実感する結果となった。

◆福島安正の冒険旅行と諜報活動

情報戦は、武力戦に先行して平時から行われるのが常である。日露戦争で情報課長として活躍した福島安正は早くからロシアとの対決を想定した諜報活動を行っていた。

福島は、１８９２（明治25）年からのシベリア単騎横断で有名である。これは冒険旅行として偽装されていたが、実際には仮想敵国ロシアの内情を把握するためのヒューミント活動であった。福島の行動は、彼の情報収集に対する真剣な姿勢と、国益を守るための長年の地道な努力を象徴している。

彼は明治維新後、英語翻訳官から軍人に転身し、情報一筋で大将まで昇進した希代の軍人である。東京の開成高校で英語を学び、１８７４（明治７）年5月から陸軍に転籍。１８７６年には24歳で通訳官として西郷従道が率いるアメリカの博覧会視察団に随行した。１８７７年の西南戦争では山縣有朋の幕下で参謀局伝令使（中尉）として勤務した。

１８７９年７月から12月まで福島は、出稼ぎ労働者の苦力（クーリー）に扮し、上海、天津、北京、内蒙古を５か月にわたって現地調査した。これが情報将校としての本格的な第一歩となり、日清戦争の勝利を支えるインテリジェンスとなった。

１８８３（明治16）年６月、大尉に昇進した福島は清国公使館付武官に任命され、ここで公使の榎本武揚に仕官した。榎本からシベリア横断の体験談を聞いたことが福島を啓発し、シベリア単騎横断につながる契機となった。彼の思考は、情報活動の重要性を早くから認識していたことを示唆している。

１８８６年３月、川上参謀本部次長に命じられてインド・ビルマ方面を探査した。福島の帰国報告には、イギリスのインド統治やアフガニスタンを巡る英露対立などが記されており、早くからこれらの両国が日本の安全保障において重要であることを察知していたのである。

福島安正（1852〜1919年）

［国立国会図書館「近代日本人の肖像」］

１８９８年１月、川上（中将）が参謀総長に就任すると、福島は情報を担当する第二部長に任命された。１９００（明治33）年の義和団事件では、日本派遣軍の指揮官となり、日露戦争では情報のトップとして大山司令官や児玉参謀長を支えた。

しかし、日露の戦局において、福島の情報活動は松川の迅速な戦闘指揮を支えるには至らず、彼の思考が戦局の迅速な判断に必ずしも貢献しなかったとの評価も存在する。これは、情報が作戦に実際に活かされるためには、より柔軟な運用が求められたことを示している。福島の地道な努力は評価される一方で、実戦における情報活用の難しさも浮き彫りになった。

◆僧侶に扮して諜報活動した花田仲之助

花田仲之助という情報将校がいた。花田は１８８０（明治13）年、陸軍士官学校に入学した。当時の同期生には荒尾、根津、そして明石元二郎が名を連ねていた。士官学校時代から「荒尾の肝」、「根津の知」、「花田の徳」と並び称された花田は、将来を大いに期待される存在だった。

武人としての精神修養を重視した花田は、青年士官となると鎌倉の円覚寺で修業に励んだ。日清戦争に従軍した後の１８９７（明治30）年、彼は川上参謀本部次長の密命を受け、僧侶に偽装してウラジオストクに潜伏することになる。

この地には３０００人を超える在留邦人が住み、特に長崎の島原や熊本の天草地方からの移住者が多く、複雑な人間関係が形成されていた。花田はウラジオストクの荒寺で「貧乏僧侶」として布教活動を行いながら、シベリアの政治、経済、軍事の動向を密かに観察した。鉄道建設状況や兵員配置、さらにはウラジオストク港の調査を行い、その情報は特別ルートを通じて川上参謀総長に報告された。

１８９９年5月、花田が敬慕していた川上が急逝すると、8月には田村怡与造がウラジオストクに派遣され、花田に面会する。田村は花田に諜報活動の実情や今後の方針について意見を求めたが、花田は布教の話ばかりで質問には応じなかった。すると田村は厳しく叱責し、

「軍人としての務めを果たすか、坊主になるか、はっきり返答してもらいたい」

と言い放った。花田は法衣の袖を開き、

「私は坊主で結構です」

と答えた。このやり取りは、花田の心に何らかの決意を固めさせるものであった。参謀本部はロシアとの戦争に備えて、花田の隠密諜報だけでは限界があり、諜報網の組織と拡充を急務としていた。花田は、川上の密命で築いた隠密諜報網がシベリアの不慣れな素人集団に荒らされるのを望まなかった。おそらくこのような意見の対立が、花田と田村大佐との衝突を引き起こしたのであろう。

同年12月、花田は帰国し、参謀総長の大山巖に辞表を提出した。少佐に昇進し予備役に編入されたが、日露戦争勃発と共に予備役少佐として召集され、予備役軍人と玄洋社系青年を率いて１９０４（明治37）年6月に満州に上陸し、馬賊をまとめて満州義軍を編成した。後方攪乱や襲撃、偵察で活躍する姿はまさに英傑そのものであった。

◆ハルビンで写真館を経営し情報収集した石光真清

シベリアでの諜報活動は、花田に代わって石光真清《いしみつまきよ》が担当した。熊本出身の石光は、少年時代を神風連の乱や西南戦争といった動乱の中で過ごし、陸軍幼年学校に入学。陸軍中尉として日清戦争に参加し、台湾遠征にも従事した。ロシア研究の必要性を痛感し、帰国後の１８９９（明治32）年には田村大佐と共にウラジオストクに渡り、大尉として隠密諜報活動を開始した。石光は名を菊池正三と改め、諜報活動に従事する。

１９００年２月、寄宿先のコサック連隊のポポフ騎兵大尉に伴われ、愛琿《あいぐん》に入った石光は、そこで諜報活動の重要な協力者であるお花と出会う。彼女は馬賊頭目・宋紀の妾であり、その縁から馬賊の支援を受けることができた。また、お君という女性の手配で馬賊の頭目・増世策に会い、その手引きで中国人の洗濯屋に化けてハルビンに潜入した。

石光真清（1868〜1942年）

［熊本市提供］

ハルビンで開業した写真館は、日本から優秀な写真技師と器材が送られた結果、大繁盛し、ロシア軍の御用写真館となった。鉄道建設状況や重要な軍事施設の撮影依頼が舞い込み、得られた情報はウラジオストクの駐在武官経由で日本に送られた。

石光の捨て身の諜報活動には、お花やお君の支えがあった。彼女たちは「シベリアのからゆきさん」として知られていたが、彼女たちの中国語や変装術、人事掌握術は抜群であった。馬賊への非人道な仕打ちを行ったロシア軍への反感と、故国日本への愛国心が、彼女たちを石光の諜報活動に惜しみない協力者へと変えたのである。

◆明石元二郎の謀略活動

国家間の隠れた闘争、すなわち情報戦の頂点に立つのが謀略である。日露戦争における謀略活動の中でも、特に注目されるのが明石元二郎の行動である。

1901（明治34）年、明石はフランス公館付武官として赴任し、翌1902年にはロシアとの戦争を視野にサンクトペテルブルクへ転任した。ここで彼は、諜報網の構築や謀略基盤の整備に力を注ぎ、ロシアの拡張主義に対抗するため、スウェーデン駐在武官に異動し、「明石機関」と呼ばれる特務機関を設立した。この機関は、ロシア国内の反体制派であるボルシェビキを支援する役割を果たした。

1904年1月12日の御前会議で戦争準備が決定されると、参謀本部次長の児玉源太郎は、駐ペテルスブルク公使館付武官の明石（当時中佐）に、ロシア国内の非ロシア系外国人から情報提供者を獲得するよう命じた。

戦争勃発後、明石は参謀本部から支給された100万円の工作資金を活用し、地下組織の指導者シリヤクスと連携して反ロシア勢力に資金を提供し、彼らを扇動した。当時の100万円(現在の価値で400億円から2000億円ともいわれる)という巨額の資金が参謀本部から渡されていた事実は、国家がいかに明石の任務を重視していたかを如実に物語っている。

明石の活動について、児玉の後任である参謀本部次長の長岡外史は「明石の活躍は陸軍10個師団に相当する」と評価し、ドイツ皇帝ヴィルヘルム二世も「明石一人で満州の日本軍20万人に匹敵する戦果を上げている」と称賛したという。また、明石がレーニンと会談し、日本政府が社会主義運動に資金援助を申し出たとの記録もある。レーニンが「日本の明石大佐には感謝している。感謝状を出したいほどだ」と発言したとされる説も存在する。さらに、明石の工作は内務大臣プレーヴェの暗殺や血の日曜日事件、戦艦ポチョムキンの反乱などに関与し、後のロシア革命に寄与したとも言われてきた。しかし現在、これらは明石の『落花流水』や戦後の『坂の上の雲』による誇張と見なされている。

明石元二郎(1864〜1919年)

[国立国会図書館「近代日本人の肖像」]

名城大学教授の稲葉千晴氏は『明石工作』において、明石がレーニンと会談したり、感謝状を贈られたりした事実は確認されていないと結論づけている。稲葉氏によれば、当時のロシア帝国の公安警察である「オフラナ」は明石の行動を厳しく監視しており、明石が反ツァーリ派の抵抗諸党に対して行った援助は、1905年のロシア革命やツァーリ政府の弱体化にほとんど影響を及ぼしておらず、また、その活動は日露講和条約の締結にも関連していないとしている。ただし、日本の情報活動がヨーロッパで組織的に行われた点や、明石が収集した情報の質・量は優れていたと評価している。

一方で、こうした稲葉氏の見解に対して、元外交官の佐藤優氏は「ロシア側の資料が意図的に工作の影響を小さく見せている」と反論している。明石工作が直接的にロシア革命の引き金とはならなかったかもしれないが、謀略や工作は因果関係が明確に見えにくく、複雑な歴史的評価が伴うものである点も無視できない。

さらに、明石の諜報網は日露戦争終結まで維持され、彼のロシア革命諸党への扇動工作が一定の成功を収めたことは、当時の明石の活動が評価されていた証拠といえる。加えて、明石の工作は後に中野学校の教材としても取り上げられ、彼は模範的な情報戦士として教えられていた。彼の情報戦における影響力は、日本軍の情報戦史にも大きな役割を果たしたと評価されている。

◆青木宣純と民間人が加わった特別任務班

戦争においては、武力戦と同時に、見えないところで展開される情報戦や遊撃戦が極めて重要な役割を果たす。遊撃戦とは、正規軍を支援するため敵に奇襲をかけたり、軍事施設を破壊することで戦局を有利に進める戦術である。歴史的に、情報部隊が遊撃戦に深く関与することが多く、特に日露戦争時における青木宣純《のぶずみ》の活動はその典型例である。

日露戦争中、日本は極東戦場に戦力を集中させ、ロシア軍の動向を正確に把握する必要があった。満州軍総司令部は、シベリア鉄道の兵員や物資の輸送状況を調査するため、斥候を派遣した。さらに児玉参謀本部次長は、北支方面の防備強化を進めるための要員選抜を情報部長の福島安正に相談した。福島は青木宣純を推薦した。

青木は、1897年に清国公使館付武官となり、袁世凱《えんせいがい》と信頼関係を築いていた。1903年10月、青木は秘密裏に天津に上陸し、袁と会談、日本の開戦計画を伝え、ロシア軍の後方攪乱と諜報活動への協力を求めた。袁は青木に段芝貴《だんしき》と呉佩孚《ごはいふ》を派遣し、青木は彼らの協力を得て、満州とシベリア国境に諜報網を築いた。さらに、馬賊を組織し、交通網の破壊工作を行い、ロシア軍の後方に圧力をかけ続けた。

特別任務班では、民間人である記者の横川省三が第6班長となり、同じく民間人の沖禎介《おきていすけ》とともに諜報や謀略活動に従事した。横川はラマ僧に変装し、ロシア軍の輸送鉄道を爆破しようと試みたが、ハルビンで捕えられ、沖とともに1904年に銃殺刑に処された。

一方、河原操子《みさこ》は内蒙古のカラチンを拠点として活動し、横川らを支援した。彼女は表向き教師という身分を装い、彼らの生活面でのサポートを行いつつ、ロシア軍の動向を収集して北京に報告していた。さらに、カラチン王夫妻の支援を受けながら、カラチンの親日政策を維持し続けた。彼女の活動は、ロシア工作員との水面下での攻防において重要な役割を果たしたのである。

青木と河原の連携は、日露戦争における情報戦と遊撃戦を有利に進めるための、極めて重要な戦略的要素となった。

第4節　日露戦争の勝利と情報戦の課題

◆薄氷の勝利だった日露戦争

「勝利は間違いない」とされた日清戦争とは異なり、日露戦争においては明治天皇が開戦の決断に際して涙を流されたと伝えられている。なぜなら、当時のロシアは日本の約10倍の国家予算と軍事力を有し、国際的にもロシアの圧倒的優位が予測されていたからである。

しかし、開戦後、日本陸軍は連戦連勝を続け、北進を遂げた。1905（明治38）年3月の奉天《ほうてん》会戦で勝利を収め、同年5月の日本海海戦では日本海軍がバルチック艦隊を撃破し、ロシアの戦意を打ち砕いた。

１９０５年9月に締結されたポーツマス講和条約では、日本の韓国（大韓帝国）における権益の承認、旅順・大連の租借権、長春以南の鉄道と付随する利権の譲渡、さらには樺太南半の割譲が認められた。

また、この戦争は世界において有色人種が白人の国に勝利した初の戦争として評価され、アジア諸国に大きな影響を与えた。ロシアの圧力を受けていたフィンランドやポーランド、トルコなどの国々でも、日本の勝利は歓喜をもって迎えられた。

しかし、日露戦争に費やされた戦費は約20億円（現在の価値で約2兆６０００億円）にのぼり、その4分の3は国内外からの公債や一時借入金で賄われた。この膨大な借金により、戦争末期には日本の財政は破綻寸前の状況に追い込まれていた。日本が戦争費用の補填を目的として期待していた賠償金はロシアから支払われず、これに対し日本国内では不満が高まり、日比谷焼き討ち事件などの騒乱が発生した。

海軍と陸軍では日露戦争の評価が異なる。海軍は日本海海戦でロシア艦隊を壊滅させ、海上優位を確立した。これにより、日本は世界の海軍強国としての地位を確立し、アメリカやイギリスからも注目される存在となった。

一方、陸軍は奉天会戦で勝利したものの、ロシア軍を約３００キロ後退させただけであり、ロシア領内に侵攻して、ロシア軍自体に致命的な損害を与えたわけではない。日本兵の死傷者数は甚大であり、特に陸軍では士官クラスが多く戦死し、これ以上の組織的な戦闘を継続することは困難な状況であった。

この結果、日露戦争後の日本の外交や軍事戦略に大きな影響が生じ、陸軍ではロシアに対する警戒心が残り、海軍では新たな国際的脅威としてアメリカの存在が意識されるようになったのである。

◆日本が勝利した四つの要因

日露戦争が我が国の勝利という前提に立った場合、その勝因は、戦略と情報の観点から、大きくは以下の通りである。

①国家戦略の確立

日本の指導者たちは、ロシアとの国力差を十分に理解しており、全面的な勝利が難しいこと、特に長期戦に突入すれば日本にとって不利になると判断していた。そのため、日本は開戦直後の緒戦で勝利し、有利な状況で戦争を終結させることを国家戦略の柱とした。

具体的には、シベリア鉄道の完成によるロシアの満州方面への兵力増強が行われる前に、戦争を開始することが重要とされた。この目標に向けて、国内の軍需工場を増強し、満州からの石炭供給の確保など、開戦準備を進めた。また、朝鮮半島と満州に兵力を集中させ、戦場となる地域への迅速な動員体制を整備した。戦局が日本に有利なうちに開戦し、満州のロシア軍を緒戦で一気に撃破することが作戦の要であった。

日本は、国際世論を巧みに利用し、戦争遂行に必要な外債の募集を円滑に進めることを目指した。満州軍総参謀長の児玉源太郎は、短期決戦を望み、「六分四分」の勝負に持ち込む覚悟を持っていた。開戦と同時に、側近に終戦工作を依頼し、早期からその準備を進めていた。また、伊藤博文は開戦当初から側近の金子堅太郎をアメリカのセオドア・ルーズヴェルト大統領のもとに派遣し、外交的な終戦工作を推進していた。金子とルーズヴェルト大統領はハーバード大学の同窓だった。

これらの行動には、戦わずして勝つことや迅速な決断を重視する孫子の兵法が巧みに応用されていたと言える。

奉天会戦での勝利後、児玉は元老や閣僚に終戦の必要性を説き、日本政府と軍部は過度な欲望に流されることなく、情勢判断に基づいた明確な出口戦略をもって戦争を遂行していた。

②挙国一致体制の確立

明治維新以来、日本は急速な発展を遂げ、日清戦争と日露戦争を経て強国としての地位を確立した。この成功の背景には、挙国一致の国家体制と、薩摩・長州両派閥のバランスが存在した。特に山縣有朋（長州）や伊藤博文（長州）のような元老たちは、異なる政策アプローチを持ちながらも、若い桂太郎（薩摩）内閣を支え、日露戦争後の講和条約締結にあたって政治と軍事の対立を回避し、国全体が一丸となって一致団結して難局に対応した。

注目すべき点は、当時のシビリアンコントロール（文民統制）の機能だ。政治が軍事を適切に統制し、軍事的な暴走を抑えたことが、明治期における安定した政軍関係を支えた。クラウゼヴィッツの「戦争は政治の延長」という思想が広まり、政治が軍事に優先するべきという原則が確立されていた。川上操六や田村怡与造といった軍事指導者たちはドイツでクラウゼヴィッツの理論を学び、日本陸軍の戦略・戦術思想として定着させた。

戦争遂行に不可欠な資金面でも、当時の日本銀行副総裁であった高橋是清《これきよ》がイギリスの銀行家を説得し、戦費を確保することに成功した。これにより、政治と経済の連携が実現し、戦争を支える基盤が整った。

さらに、情報（インテリジェンス）の活用も重要な要素であった。明治期の日本では、山縣有朋、桂太郎、川上操六といったリーダーたちが情報の価値を深く理解し、効果的な情報体制を整備した。川上は、日露戦争に先立ち、田村怡与造や福島安正といった優れた人材を登用し、情報体制を強化した。

このように、明治期の挙国一致体制とリーダーシップは、日本を強国へと導く原動力となった。シビリアンコントロールの確立や、情報の価値を理解した指導者たちの存在は、後の昭和期に見られた軍事独走とは対照的であった。

③戦略情報の有効活用

日本が「六分四分」の勝負に持ち込む国家戦略を立案するには、ロシアの軍事力や外交方針、ロシア国内の政治情勢や国民の世論などを正確に把握する必要があった。これらの要素を的確に分析し、列強各国の思惑も見極めることで、「日露どちらかが一方的に勝利することは列強にとって不利益である」という現実を見抜いた。この判断を支えたのが、戦略的インテリジェンス（戦略情報）だった。

日本はこの戦略情報を基に、イギリスとの同盟を維持しつつ、ロシアを外交的に孤立させ、さらにアメリカを和解の仲介者として引き込むことに成功した。

情報（インテリジェンス）は、情報要求に基づいて情報を収集し、処理し、分析して作成され、意思決定者に提供される。この過程を「情報サイクル」と呼ぶが、この情報サイクルが日露戦争において効果的に機能した。

具体的な情報要求としては、ロシアの軍事力と作戦計画、外交的意図、さらにはロシア国内の政治的安定性や国民の戦争に対する支持率といった要素が挙げられる。これらの情報が収集され、日英同盟による国際的な情報ネットワークも活用されたことで、無謀な長期戦を避け、適切な戦略判断を行うことができたと言える。

④故国日本への愛国心

日露戦争における勝因の最後は、故国を守りたいという深い愛国心であった。花田や石光らの命を懸けた諜報活動や横川らの特別任務班の活動は、まさにその愛国心から生まれたものであり、横川らを支えた河原操子も同様であった。

また、日清戦争から日露戦争にかけて、東アジアや東南アジアで娼婦として働く「からゆきさん」たちは、日本軍にとって貴重な情報源であった。彼女たちは異国で日本のために働き、バルチック艦隊の動きを電報で知らせた。中でも、マラッカ海峡を通過するバルチック艦隊を目撃した「からゆきさん」たちは、領事館に駆け込み、金銭や物資を提供し「お国のために」と訴えたという逸話が残っている。

石光の諜報活動に協力した「お花」と「お君」はシベリアで活動していた「からゆきさん」たちであり、彼女たちはロシア軍の残虐行為への憎しみと、日本への深い愛国心から命がけで協力した。

彼女たちは恵まれた出自ではなく、高等教育を受ける機会もなく、貧困のために親元を離れて異国に渡ったが、それでも日本を深く愛し、日本のためならば犠牲を厭わなかった。彼女たちの愛国心は、常に満ち溢れていたのである。

◆日露戦争が示した情報上の四つの課題

一方で、日露戦争を日本の勝利と捉える前提に立っても、日本の情報活動において問題がなかったわけではない。以下に、主要な課題を指摘する。

①防諜意識の欠如

先述の通り、花田や石光の「捨て身戦法」による個人的な諜報活動は、日本陸軍の対ロシア諜報を支えていた。個人の諜報には身分の偽装が不可欠であり、花田は僧侶を装い、石光は洗濯屋や写真屋を営むことで活動を続けた。しかし、陸軍参謀部員の防諜意識は低く、彼らの言動が在留邦人に広まり、「写真館は参謀本部が作らせたもの」という噂が立つ危機的な状況が生じた。

さらに、参謀本部の部員は隠密諜報員との接触時に十分な警戒心を持たず、簡単に発見されるリスクが高まっていた。また、地図の扱いにも注意を払わず、商人に偽装しても、服装がそれに不相応な立派なものであり、カイゼルひげを生やしているなど、基本的な諜報活動の知識や対策が欠けていた。

交信暗号の問題も深刻だった。開戦日に栗野慎一朗公使がロシアのラムズドルフ外相に国交断絶の公文書を渡すと、外相は「ニコライ皇帝は日本が国交断絶することを知っている」と口を滑らせた。明石元二郎も日記で「ロシアは日本の暗号を解読していた」と記している。

当時、ロシア情報機関はオランダの日本公使館で美女を使い、公使の金庫から暗号書を盗み、数日で全ページを複写して元に戻す手法を用いた。この事件は開戦直後に明らかになり、外務省は急いで暗号書を更新したが、新しい暗号も解読されてしまった。

②作戦課と情報課の対立

日露戦争における現地情報の運営は、第二課（情報課）の福島安正課長が中心となったが、情報活動は完全に独立して行われていたわけではなかった。満州軍総司令部は作戦課（第一課）と情報課（第二課）に分かれていたが、作戦課長の松川敏胤は、部下の田中義一少佐（後の首相）の進言を受け入れ、満州・朝鮮の情報活動も作戦課が担当すべきだと主張した。

作戦課の情報活動は敵情に関する詳細な情報を収集し、その成果は明治天皇に上奏され、感状も授けられた（柏原純一『インテリジェンス入門』）。しかし、松川派と福島派の対立が生じ、情報に対する見解の相違が暗闘や反目を生んだ。松川派は「福島派の情報は馬賊からの不正確な情報に過ぎない」と主張し、福島派は「諜報には長い経験が必要であり、速成の情報将校が役に立つわけがない」と反発した。この結果、日本軍の情報には対立する2種類の情報が存在し、状況判断に混乱をもたらす一因となった。

作家の谷光光太郎氏は、「明治38年1月の黒溝台の苦戦では、松川作戦参謀が情報参謀の意見を無視し、自己の狭い体験から敵の行動を予測した結果、日本軍は奇襲を受け、敗退の危機に直面した」旨を指摘している（谷光光太郎『情報戦敗北』）。

日露戦争における作戦部署と情報部署の分離問題は、陸軍の谷壽夫《ひさお》も『機密日露戦史』で言及している。明治期以来の参謀本部編成において、情報と作戦を統合したり分けたりする紆余曲折が見られたが、「情報と作戦の部署を分離すべきか」という問題は日露戦争後も問題として残った。

もう一つの課題は、情報将校の軍事知識不足である。歴史学者の大江志乃夫は、情報将校がロシア軍に関する知識や戦術的判断力に欠けていたため、作戦情報としての役に立たなかったと述べている。シベリア鉄道の輸送能力に関する情報も、判断材料にはならなかった。日常的に作戦部の作戦に接していない情報将校は軍事的判断の尺度が鈍る傾向があり、これは今も昔も各国の情報組織が抱える共通の課題である。

③戦略情報と作戦情報の連携不足

戦略情報と作戦情報は密接に関連しており、相互に利用されるべきであるが、日露戦争においてはその連携が欠如していた。

大江は、先述の黒溝台の戦闘について、「日本最大の悪戦となった原因の一つは、宇都宮中佐（イギリス武官）と大井中佐（ドイツ武官）からの情報を信頼しなかったことである」と述べている。彼らはロシア軍が日本軍左翼に対して大攻勢を企図しているとの情報を提供したが、満州軍総司令部は厳寒の影響で大兵力の活動が困難だと判断し、この情報を信用しなかったという。

宇都宮中佐からの情報は日英同盟に基づくヒューミントであり、大井中佐は文書諜報（オシント）から得た情報を分析していた。ドイツではロシアの新聞が自由に入手できたため、大井は複数の情報源からロシアの攻勢意図を推測した。

しかし、満州軍総司令部の作戦課は、自らの判断で得た生情報を処理し、即座に作戦計画に反映する傾向が強かった。また、参謀たちは「冬季にロシア軍が大規模な作戦を起こすはずがない」という希望的観測に陥り、「ロシア軍は敵を撃退した後、一度態勢を立て直す」との思い込みに捉われていた。

現地部隊は得られた情報を独自に解釈しがちで、視野が狭くなる傾向がある。陸軍参謀本部はこのような傾向を戒める役目を担っていたが、参謀本部自身も、現場の戦闘情報に拘泥し、グローバルな戦略情報の視点から、ロシア軍の攻勢意図を判断できなかった。

このように、戦略情報と作戦情報の不十分な連携は、日露戦争における情報活動の失敗を引き起こし、日本軍の戦略的判断に影響を与えた。

④謀略偏重による情報軽視

大江は、「山県有朋のもとで育った情報将校たちが、正確な軍事情報の収集よりも情勢を作為する謀略に重きを置く傾向を強めた」旨を指摘している。彼によれば、情報活動は情報部が行う謀略活動と作戦部が行う軍事情報活動に二元化され、作戦部が情報部を軽視したことが、情報部を謀略に走らせた原因であったという。

彼は、『機密日露戦争史』の「福島その人は諜報勤務よりも馬賊又は支那人の操縦に熟したので、これを主体とし諜報を副とせしによるべし」を引用し、北京公使館附武官青木宣純大佐、支那駐屯軍司令官仙波太郎少将、袁世凱軍事顧問坂西利八郎少佐が福島の下で謀略に熱中したので、大本営は清国経由の軍事情報入手に苦しんだと述べている。

諜報と謀略との明確な垣根はないし、諜報で情報を得れば、それを謀略に投入したい欲望にかられる。だから、大江の説にも一理あるが、謀略の重視が必ずしも情報活動の軽視を意味するわけではない。すべての国の情報機関は、諜報活動とその応用としての謀略の両方を重視しており、両者は相互に関連している。また、謀略が作戦に効果を与えることは多々あり、歴史的成果の評価は容易ではない。

第4章

戦間期の変革——日露戦争後から満州事変まで

第1節　日露戦争後から第一次世界大戦にかけての情報戦

◆帝国国防方針の確立

日露戦争後、陸軍はロシアを、海軍はアメリカを仮想敵国（当時は「想定敵国」と表現）としていた。しかし、陸軍と海軍の対抗意識が軍備拡張競争を引き起こすことを懸念した元帥・山縣有朋は、1906（明治39）年に国防方針の必要性を上奏し、同年末には初の「帝国国防方針」が確立された。

この国防方針において、陸軍は日露戦争に対してのロシアからの復讐戦争に備えてロシアを仮想敵国とし、陸軍軍備を強化することを主張した。海軍は、1906年にカリフォルニア州で起きた日本人学童に対する人種差別運動を契機に日米国交が緊張していることを理由に、アメリカを仮想敵国とする海軍軍備強化を主張した。陸軍と海軍との討議の結果、第1位はロシア、第2位はアメリカ、第3位はフランスとされた。このように、陸軍と海軍の間で脅威認識には当初から違いがあった。

海軍がアメリカを警戒したのにはさらなる理由がある。1880年代末から90年代初頭にかけてのハワイ併合やフィリピン占領といった海洋進出に加え、「オレンジプラン」の存在があった。アメリカは日露戦争以前から、陸海軍の統合会議を通じてドイツを「ブラックプラン」、イギリスを「レッドプラン」、日本を「オレンジプラン」と色分けし、戦争計画の策定を開始していた。オレンジプランでは、日本がフィリピンとグアムに侵略するシナリオが想定されていた。

日露戦争で日本が勝利したことで、オレンジプランは具体化されていく。１９０６年、セオドア・ルーズヴェルト大統領は、米海軍を速やかに東洋に派遣するよう命じた。その具体例の一つが、１９０７年から１９０８年にかけてアメリカ艦隊が大挙して日本近海に接近した「白船事件」である。アメリカは海軍力を誇示することで、ロシアのバルチック艦隊を破った日本海軍を牽制したのである。

こうしたアメリカの動向に対し、海軍は１９０７年4月に帝国国防方針に基づく「用兵綱領」を策定し、アメリカを仮想敵国として、来攻するアメリカ艦隊を日本近海で撃滅する方針を確立した。

その後、中国大陸での利権対立やアメリカ内での日本人移民排斥運動などが影響し、日米関係が次第に悪化していった。帝国国防方針は時代背景の変化に伴い再び改定されることとなるが、これについては追って詳述する。

◆清国の滅亡と日本の情報戦

１８９４年、孫文はハワイと香港に秘密結社「興中会」を設立し、「中華復興」を掲げて活動を開始した。これが1911年の辛亥革命《しんがい》へとつながり、1912年1月1日には南京で中華民国が成立。同年2月、清朝最後の皇帝・溥儀《ふぎ》が退位し、アジア初の共和制国家が誕生したが、実権は北洋軍閥の袁世凱に移り、彼が臨時大総統に選出された。

一方、日本陸軍は1901年に設置した「清国駐屯軍」を辛亥革命後に「支那駐屯軍」と改称して中国での影響力を強化した。

日露戦争後の中国での諜報活動では、陸軍の坂西利八郎《ばんざいりはちろう》が重要な役割を果たす。坂西は1902年に清国駐在武官として赴任し、1904年には青木宣純が日露戦争における特別任務班を結成するために満州方面に転任したため、その後を継いで袁世凱の軍事顧問に就任した。その後、1908年に帰国したものの、1911年の辛亥革命後に再び北京に戻り、袁の軍事顧問に再度就任した。1912年には土肥原賢二《どいはらけんじ》が坂西の活動を引き継いだ。

また、日露戦争後に日本に帰国していた青木も、1907年に北京公使館付武官として再度赴任し、1915年には上海に転任。これは反日政策に転じた袁世凱に対抗するため、孫文らの反袁運動を支援する目的であったが、袁は1916年に死亡し、工作は実行に至らなかった。

このように、日露戦争後の中国大陸における日本の情報戦は、青木や坂西、土肥原らを中心に展開されていた。

また、日本の情報戦には軍人だけでなく「大陸浪人」と呼ばれる民間人も積極的に関与していた。1901年、内田良平が黒龍会を結成し、中華民国成立後には満蒙独立を掲げて川島浪速《なにわ》と共に華北での工作活動に参加した。辛亥革命時、清朝の皇帝退位に反対した清朝皇族の粛親王善耆《しゅくしんのうぜんき》は、日本の租借地である旅順に逃れたが、その支援を行ったのが、当時北京警務学堂の総監督として善耆と親交を深めていた川島である。善耆の娘・顯玗《けんし》は川島の養女となり、「川島芳子《よしこ》」として「男装の麗人」や「東洋のマタ・ハリ」と呼ばれて世間から注目された。１９３０年頃に上海で駐在武官の田中隆吉と交際したが、田中の証言によれば、彼女は日本軍の諜報や謀略活動に深く関与したとされる。

川島芳子（1907〜1948年）

［国立国会図書館「近代日本人の肖像」］

◆第一次世界大戦と日本の外交戦略

１９０８（明治41）年、桂太郎が第二次内閣を組閣し、１９１０年の韓国併合により日本の国際的地位は向上した。１９１２年には明治天皇の崩御に伴い、大正時代へと移行した。

１９１４（大正３）年、第一次世界大戦が勃発すると、近代兵器の登場によって戦場は広がり、総力戦となった。戦争における情報戦の重要性が増し、特にイギリスとドイツの間で激しい諜報戦が繰り広げられた。ドイツはロシア軍の無線を傍受してタンネンベルクの戦いで勝利を収めたが、スペインを拠点とするスパイ活動はイギリスの情報戦に屈した。イギリスはＭＩ５やＭＩ６を活用してドイツの暗号を解読し、国際世論の操作を行った。アメリカ参戦を促すためにプロパガンダ機関を設立し、１９１７年に参戦を実現させた。戦後、イギリスは政府暗号学校（ＧＣＨＱ）を設立し、情報戦能力の強化を図った。

当初の戦況がドイツ優勢であったことから、イギリスは日英同盟を根拠に日本に参戦を要請した。日本は当初、国内問題を抱え消極的であったが、イギリスの要請に応じ、中国と太平洋地域のドイツ支配地を攻撃し、さらに地中海へ艦隊を派遣した。

１９１５年、日本の大隈内閣は中国の混乱に乗じて、袁世凱政府に「対華21か条要求」を提出した。これには、ドイツの山東省における権益継承や既得権益の拡大が含まれていた。この要求は中国国内で反日運動を引き起こし、「国恥記念日」として記憶されることとなった。アメリカはこの要求を中国の保護国化と見なし懸念したが、１９１７年の「石井・ランシング協定」で妥協が成立し、アメリカは中国の領土保全と門戸開放政策を支持しつつ、日本の山東省権益を認めた。

１９１７年にはロシア革命が発生し、新政権はドイツなどとブレスト＝リトフスク条約を結んで講和し、戦争から離脱した。これにより、イギリスやフランスはドイツの西部戦線への戦力集中を警戒し、東部戦線にドイツ軍を引き止めるため、日米にシベリア出兵を要請した。

１９１８年、寺内正毅内閣はこの要請に応じ、日米共同でシベリア・北満州に派兵することを決定した。出兵の目的は共産主義の浸透を防ぐことであり、日本は派兵規模を拡大して大陸進出を加速させたが、これが日米対立を鮮明化させる要因となった。

陸軍はシベリア出兵前から北満や極東各地に軍人を派遣し、情報収集や偵察を行っていたが、シベリア出兵により、新たに「特務機関」が創設された。日本は反ロシア革命派のオムスク政府を支援していたので、その拠点はオムスクに置かれ、ウラジオストク、ハバロフスク等の7か所に特務機関を設置し、これらを関東軍の指揮下に置いた。なかでもハルビン特務機関が中心的な役割を担った。

第2節　第一次世界大戦後の日本の戦略環境

◆第一次世界大戦終結と戦略環境の変化

第一次世界大戦（１９１４〜１８年）の終結は、日本の戦略環境に大きな変化をもたらした。戦後、アメリカは経済的・政治的リーダーシップを強化し、ウィルソン大統領の提案をもとに１９２０年には国際連盟が設立された。だが一方で、アメリカ国内には依然として孤立主義の傾向が強く残っていた。

敗戦国のドイツやオーストリアは戦争によって領土を失い、ヨーロッパは不安定化が進行した。特にドイツは屈辱的な戦後賠償に苦しみ、その結果、1930年代にアドルフ・ヒトラーが台頭することとなる。

1919年1月から始まったパリ講和会議では、ヴェルサイユ条約に基づき、日本は中国大陸における旧ドイツ権益の継承と、赤道以北の旧ドイツ領南洋諸島の委任統治権を認められた。しかし、この決定に対して中国では反発が強まり、5月4日に北京で発生した「五・四運動」では、数千人の学生が条約反対や親日派要人の罷免を求めてデモを行った。この運動は中国共産党の設立(1921年)を促進し、後の泥沼の日中戦争への伏線となった。

アメリカもまた、日本の影響力拡大を警戒し、特に南洋諸島の委任統治を自国のフィリピン防衛に対する脅威と捉えた。最終的には日本の統治が認められたが、太平洋上の日米勢力圏が明確になったことで、日米関係の緊張はさらに高まった。また、戦時中の輸出増加により日本経済は活性化し、海運業では世界第3位に躍進。これもアメリカの警戒心を刺激することとなった。

日本はシベリア出兵(1918〜22年)を通じ共産主義への警戒を強めるが、1920年に撤兵したアメリカは、その後も駐兵した日本の行動を支持せず、影響力の拡大との疑念を深めた。1920年代にはワシントン体制が確立され、アメリカは日本の影響力を抑えるために1924年には排日移民法を制定し、日米関係がさらに悪化することとなった。

さらに、１９２１年の日米英仏の四か国条約で日英同盟が解消され、１９２２年の九か国条約（日・米・英・仏・伊・白・蘭・葡・中）で日本の中国における特殊権益が否認された。その後、アメリカは１９２８年に中国の関税自主権回復を容認し、蔣介石《しょうかいせき》の南京政府を承認するなど、中国での影響力を拡大しつつ、蔣介石と日本の対立を煽り、対日圧力を強化していった。

一方、日ソ関係は幣原《しではら》喜《き》重郎《じゅうろう》外相の穏健な対ソ外交により安定期を迎え、１９２５年に日ソ基本条約が締結された。これにより両国は外交関係を樹立し、相互の内政不干渉を確認した。しかし、１９２９年には、満州北部の中東鉄道をめぐり中ソ紛争が起き、さらにソ連の極東南下政策の表面化で、日本は新たな脅威に直面し、これが満州事変への伏線となった。

こうして第一次世界大戦後、日本は経済成長を遂げつつも、諸外国との複雑な関係の中で新たな戦略的課題に直面していた。

◆日英同盟の破棄とアメリカの策動

第一次世界大戦後、アメリカの主導で開催されたワシントン会議（１９２１～２２年）は、国際政治における重要な転換点となった。この会議で締結された三つの重要な条約が、日本とアメリカとの関係、そして国際的な権力バランスに大きな影響を与えたのである。

第一は「四か国条約」（１９２１年12月）で、この条約により日英同盟は失効（１９２３年８月）。日本の国際的な地位は低下し、アメリカとイギリスの影響力が強化された。

第二は「九か国条約」（1922年2月）で、これにより「石井・ランシング協定」は破棄され、日本の中国での特殊地位は否認された。日本は山東省での旧ドイツ権益を中国に還付し、「対華21か条要求」以前の状態に戻すことに同意した。

第三は「海軍軍縮条約」（1922年2月）で、主力艦の保有制限が設定され、英・米がそれぞれ5隻、日本が3隻、フランス・イタリアがそれぞれ1・67隻とされた。これにより、今後10年間は老朽艦の代艦を建造しないことが約束された。日本国内では海軍軍令部が対英米七割論を主張したが、全権の加藤友三郎海軍大臣が部内の不満を抑えて調印した。この妥協は1932（昭和7）年の五・一五事件の伏線となった。

ところで、四か国条約の締結により、日英同盟はその役割を終えることとなったが、この同盟が失効に至った理由は三つある。

第一に、ソ連への脅威が低下し、同盟の価値が薄れたこと。日英同盟はロシア（後のソ連）に対抗するためのものであったが、その意義が減少した。

第二に、日本の行動がイギリスの同盟再評価を促した。日本は第一次世界大戦中、イギリスの要請で地中海に海軍を派遣したが、陸軍派遣を拒否し、中国での権益拡大を進めたため、イギリス国内で同盟の不要論が高まった。

第三に、アメリカの外交戦略が決定的であった。アメリカは中国大陸や太平洋での権益を守るため、日英提携を不都合とし、四か国条約を策動して日本、イギリス、フランス、アメリカの協調を約束させた。

イギリスは当初、日英同盟を維持しつつ「日英米三国協商」を提案したが、アメリカは軍事的要素に反対した。経済的理由からイギリスはアメリカの要求を受け入れ、提案を見直さざるを得なくなり、協商の焦点は太平洋諸島の問題へと移った。

内田康哉《こうさい》外相や原敬《たかし》首相は日英同盟を維持し、中国での日英共同の権益保護を重視したが、幣原はアメリカとの協調を優先することを主張した。最終的に、四か国条約によって日英同盟は消滅し、日米対立が増幅した。

戦略や情報の観点から見ると、知米派の幣原はアメリカの本質を見誤り、国内の国民世論を正確に把握できていなかった。国民は日露戦争での成功にもかかわらず現状への不満が高まり、協調主義を取る幣原に対し、軍部や国民は反感を抱いた。

専門家はしばしば周囲の意見を無視し、自らの先入観に基づいて戦略を立てがちである。幣原もまた、自分が信じる理想に合致する情報だけを集め、反対意見を軽視してしまった。これを「確証バイアス」と呼ぶが、これは情報分析を失敗に導く大きな要因だ。

幣原が優秀であったとしても、「幣原に任せておけば外交は大丈夫」という風潮は、当時としても危険な誤りであったと言えるだろう。

◆ソ連共産主義の輸出

第一次世界大戦が国民を戦争動員に駆り立てる「総力戦」となったため、欧州では労働者の権利拡張や国民の政治参加を求める声が高まった。日本でもロシア革命（1917年）や米騒動（1918年）がきっかけとなり、社会運動が起きた。さらに大戦中の産業の急速な発展により労働者数が増加すると、労働争議の件数も急増し、労働組合も全国組織となった。

レーニンは共産主義一国だけでは世界中から包囲されて生き延びることはできないと考え、世界共産化を目指した。この司令塔として1919年3月、第三インターナショナル、すなわちコミンテルンを設立した。

コミンテルンは世界各地に支部を作る工作を始めた。こうしてアメリカ共産党（1919年）、中国共産党（1921年）、日本共産党（1922年）がコミンテルン支部として設立された。

コミンテルンは当初、欧州の共産化を目指したが、思うような成果が得られなかったので、革命輸出先をアジアに転換した。1924年には外蒙古に傀儡政権であるモンゴル人民共和国を設立することに成功した。次は中国、日本が目標となった。

1924年1月のレーニンの死亡後、権力を握ったスターリンは共産主義の輸出を強化した。

◆国民党と共産党との対立

コミンテルンが中国に食指を伸ばす状況下、孫文はコミンテルンの支援を受け、1923年にソ連との共同声明を発表し、１９２４年には国民党と共産党の第一次国共合作を成立させた。しかし、１９２５年に孫文が死去すると、国民党は広東に国民政府（広東国民政府）を樹立し、国民革命軍を創設した。その中で台頭した蒋介石は、１９２６年７月から北伐を開始した（**図４**）。

ところが、１９２７年３月24日には、南京に入城した北伐軍と中国の暴民が反帝国主義を叫びながら外国領事館や居留地で暴行を行った。この事件は第一次南京事件と呼ばれ、米英軍は艦砲射撃で援護し、陸戦隊を上陸させて居留民の保護にあたった。日本は領事館を襲撃されたが、英米軍のような強硬な対応は避けた。第一次南京事件は、コミンテルンの指令で国民政府に浸透した共産党員が騒ぎを起こし、国民党の党勢拡大を阻止しようとしたとの見方が有力だ。

蒋介石は共産党の影響をはっきりと認識し、１９２７年４月12日に共産主義勢力の弾圧を実行（上海クーデター）し、４月18日に南京で共産党を排除し国民党のみの国民政府（南京国民政府）を樹立した。しかし、このクーデターをきっかけに国民政府は内部分裂を起こし、蒋介石は一時下野し、北伐は中断された。

追い詰められた中国共産党は、コミンテルンの指示で１９２７年８月から９月にかけて武装蜂起を試みたが失敗し、江西省の井岡山に拠点を設けた。以後、毛沢東《もうたくとう》路線が強まり、残置党員は上海などで地下ゲリラ活動を展開した。

１９２８年４月、蒋介石は北伐を再開し、軍閥を傘下に加えて進撃。北伐中の国民党軍に対

図4　蔣介石による国内統一（北伐）の動き

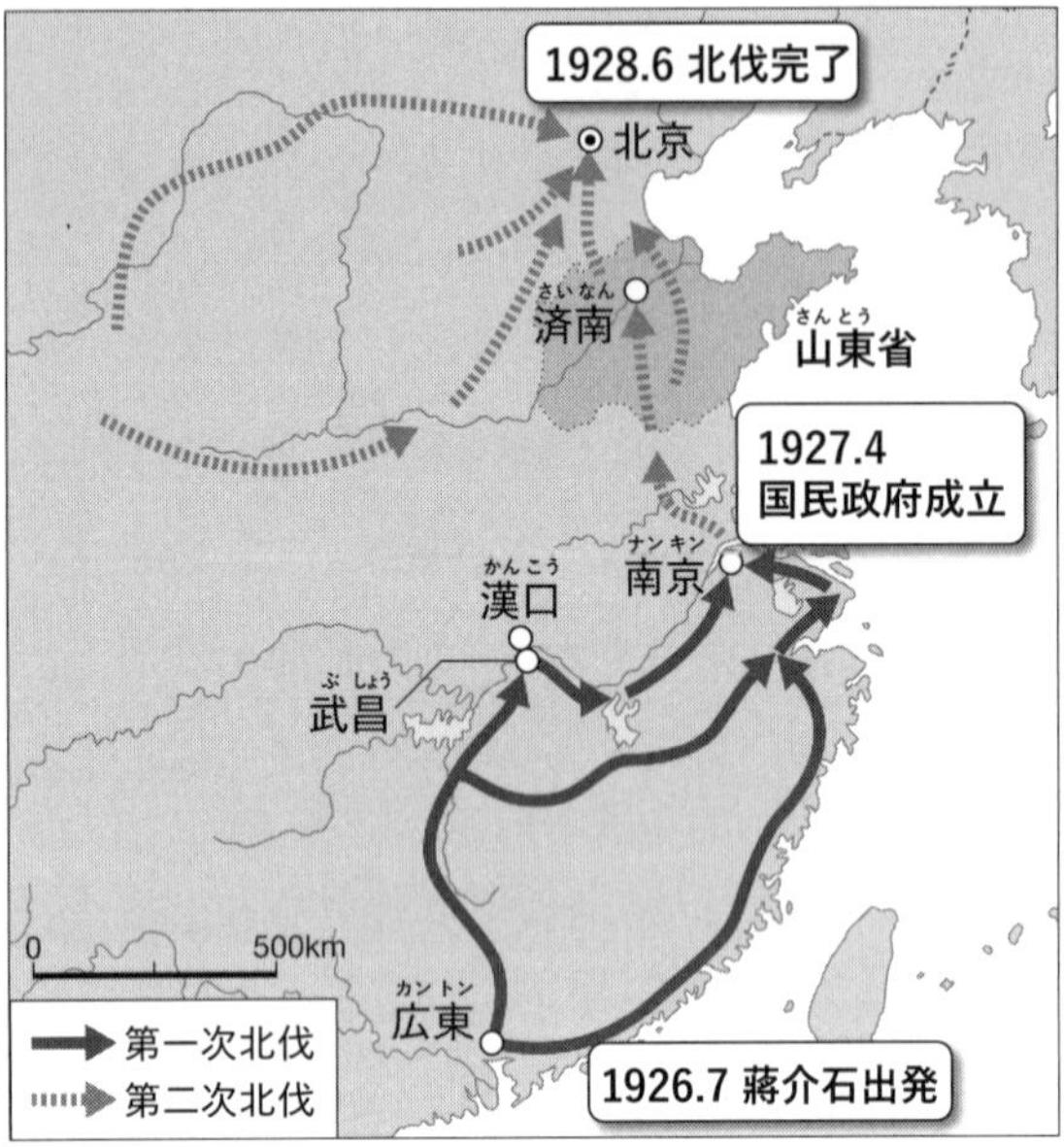

して、日本は日本人居留民保護を口実に山東省に出兵し、5月には済南で日中両軍が衝突した（済南事件）。蔣介石は日本軍との全面衝突を避けるために、済南を迂回して進軍。北京を拠点としていた奉天派の首領であった張作霖《ちょうさくりん》を破り、6月8日に北京を占領、15日に「全国統一」を宣言した。

◆張作霖爆殺事件と関東軍の関与

1928（昭和3）年6月4日、張作霖が北京から満州へ撤退中、瀋陽《しんよう》近郊で列車ごと爆殺される事件が発生した。のちに「張作霖爆殺事件」として知られるこの事件は、背後に誰がどのような目的で関与したのかが謎とされている。

先述したように、張作霖は蔣介石の北伐軍の攻勢を受け、北京での戦いを断念し、満州へ撤退していた。しかし、京奉線と満鉄線が交差する地点で列車が爆破され、張は重傷を負い、死亡した。当初は北伐軍のスパイによるものとされたが、次第に関東軍の関与が疑われるようになった。

関東軍司令官である村岡長太郎中将は、満州独立を推進するために張作霖の排除を図っていたとされる。また、関東軍高級参謀の河本大作《こうもとだいさく》は、事件前から張作霖の殺害をほのめかしており、事件後には河本の関与が指摘された。これを受け、田中義一首相は関東軍による犯行であるとの疑惑を抱き、調査を指示した。最終的に調査特別委員会は、事件が河本によるものであると結論づけた。

だが、この河本犯行説には以下のような疑義も存在する。まず、河本自身は犯行を否認し、東京裁判においても証言の機会を与えられなかった。また、戦後に発表された『河本大佐の手記』は、河本の義弟である平野零児が河本の口述を基に筆記したものであり、その信憑性には疑問が残る。東京裁判で河本犯行説を証言した田中隆吉も関東軍とは異なる部署に属しており、河本との接点も少なかったため、証言者としての信頼性も疑問視されている。さらに近年では、河本の犯行説に異議を唱えるロシア側の新説も提起されている（**267ページ**参照）。

張作霖爆殺事件は満州事変の引き金となり、その後の東アジア情勢に多大な影響を与えたが、事件の全貌は依然として未解明だと言わざるを得ない。

第3節　日本の国防方針と情報戦

◆帝国国防方針の改定

日米悪化に伴う帝国国防方針の改定について見ておこう。1907（明治40）年に初制定した帝国国防方針は、1918（大正7）年に第一次改定が行われた。1915年の対華21か条要求により、中国の対日感情が悪化したことが背景となった。この改定により、仮想敵国（想定敵国）は第1位ロシア、第2位アメリカ、第3位中国（支那）となり（**図5**）、これに応じる海軍の対米作戦計画は「敵海軍を日本本土近海沿岸に引き付けて集中攻撃を行う」守勢作戦を採用した。このため米艦隊の現出を硫黄島西方海域およびフィリピン島東方海面と予想し、日本軍の根拠地を奄美大島、沖縄に求めることにした。

第二次改定は1923（大正12）年に行われた。帝政ロシアの崩壊（1917年）、ワシントン海軍軍縮条約の締結（1922年）が背景となり、アメリカが想定敵国（仮想敵国）の第1位となった。この改定では「帝国は特にアメリカ、露国および支那の三国に対して警戒する必要がある。なかんずく近い将来における帝国国防は、我が国と衝突の可能性が最大であり、かつ強大な国力と兵備を有するアメリカを目標として、主としてこれに備える」とされた。

本改定に伴う海軍の作戦計画は「開戦劈頭、まず敵の東海における海上兵力を掃討し陸軍と協同してその根拠地を攻略し、西太平洋を制御して帝国の通商貿易を確保するとともに敵艦隊の作戦を困難にならしめ、然る後、敵本国艦隊の進出を待ちこれを邀撃《ようげき》し撃滅する」と改められた。

つまり、対米戦の場合、海軍は陸軍と共同でフィリピン島攻略に本格的に取り組むことになった。毎年実施された海軍大演習はこれに準拠した。ただし、陸軍部隊を南洋委任統治領の防衛に使用することなどは考慮されておらず、陸軍と海軍の作戦思想には相変わらず齟齬がみられた。

日中戦争開始前に第三次改定が行われるが、これに関しては後述する。

◆ワシントン会議での暗号解読

先述のワシントン会議中には、アメリカは日本の外国暗号を解読していた。アメリカは第一次世界大戦において、自国の暗号通信がドイツに盗聴されているとの疑念から、暗号解読に本格的に取り組んだ。実際にはイギリスに盗聴されていたものの、これがきっかけでアメリカは軍事情報部第八課（ＭＩ８、通称「ブラック・チェンバー」）を設置し、ハーバート・ヤードリーが責任者となった。

図5　帝国国防方針の仮想敵国順位

	第1位	第2位	第3位
1907（明治40）	ロシア	米国	フランス
1918（大正7） 第一次改定	ロシア	米国	支那（中国）
1923（大正12） 第二次改定	米国	ソ連	支那（中国）
1936（昭和11） 第三次改定	米国	ソ連	支那（中国） ※4位に英国

ＭＩ８は、ワシントン会議中に駐英日本大使と東京間で交わされた暗号電報および日本外務省からワシントンの駐米大使に送られた暗号電報を解読していた。これにより、アメリカは日本の妥協案を把握し、外交交渉を有利に進めたのである。要するにアメリカは、日本が保有艦で対英米の６割で妥協することを知っていたのである。

フーヴァー政権の発足に伴い、国務長官に就任したヘンリー・スティムソンは、「紳士は他人の信書を読まないものだ」として、ＭＩ８を１９２９年10月末で廃止。その後、アメリカは暗号解読の天才フリードマンを擁して別の組織を創設したが、ヤードリーは怒りが収まらず、１９３１年に著書『ブラック・チェンバー』を出版した。この著書には、ワシントン会議中に日本が使用した暗号がアメリカによって解読されていた事実が詳述されており、日本政府を大いに慌てさせた。

この暗号解読は、明治以来続く日本の防諜の甘さを浮き彫りにしたものであった。しかし、その教訓は十分に活かされることなく、１９４２年６月のミッドウェー海戦でも暗号解読により日本軍の作戦が察知され、大きな損害を被る結果となった。

アメリカ軍は日本海軍の暗号を部分的に解読していたが、作戦目標「ＡＦ」がどの地点を指すのか特定できていなかった。そこで、アメリカ軍はミッドウェー島から「真水が不足している」という偽の無線通信を発信したところ、日本軍が暗号で「ＡＦで真水が不足している」と返答。これにより、「ＡＦ」がミッドウェー島を指すことを確認した。こうしてアメリカ軍は、日本海軍の作戦を事前に把握し、待ち伏せ攻撃を成功させたのである。

この戦いで日本は空母４隻（赤城、加賀、蒼龍、飛龍）を失い、太平洋戦争の局面が大きく転換することとなった。

◆対外情報戦の運用体制

さて、ここで昭和初期以降の参謀本部第二部の対外情報体制の運用について述べておこう。

大（公）使館付武官は、平時の対外諜報戦の核心であるが、第一次世界大戦以降、陸軍は大（公）使館付武官の駐在先を拡大した。同大戦以前の主な駐在先は、イギリス、ドイツ、フランス、オーストリア、イタリア、アメリカ、ロシア、清国（１９１２年から支那）、朝鮮（１８９７年から韓国）であった。しかし、同大戦後はソ連およびアメリカを取り巻く中小国にも駐在先を拡大していった。

この他、航空および技術関係事項に関し、航空本部または技術本部から直接に外国駐劄《ちゅうさつ》武官を派遣した。これら武官は大（公）使館付武官から業務統制を受けて、近隣国で兵器技術や航空技術の交流や情報収集などを行った。

また、特定事情のために公館の置かれていない地域または国交のない国に派遣される武官、その他語学や特別の学問研究のための留学将校なども外国駐劄武官の範疇に含まれた。例えば、当時、イギリス植民地であったインドには大使館がなかったので「印度駐劄武官」が派遣された。

諜報の目的をもって派遣された武官とは、目的を秘匿、あるいは武官の身分を隠して、一般外交官、新聞通信員、商社員として派遣される者を指す。のちに述べる中野学校初期の卒業生で海外に派遣された者はこの部類に属した。

このほか、辺境部隊および外国駐劄部隊を拠点として情報戦を展開した。辺境部隊とは、直接外国と国境する地域や、それに準じる地域に派遣される部隊で、台湾軍、朝鮮軍がこれに該当した。また、外国駐劄部隊とは、満州事変以前での支那駐屯軍や関東軍などである。これらの部隊は参謀本部の命を受け、独自の情報勤務にあたった。そのため、所要に応じて特務機関を要地に派遣し、諜報員を直接使用した。

◆シベリア・満州方面での情報戦

ソ連の共産主義拡大や中国における政治不安の広がりを背景に、日本はアジアでの影響力を維持するため、朝鮮半島や満州方面への陸軍配備と情報活動を強化した。

第一次世界大戦後、連合軍がシベリアから撤退を開始する中、日本は１９２２年末まで駐留を継続。撤兵後も特務機関をハルビン、満洲里、綏芬河《すいふんが》、黒河（１９２５年3月閉鎖）に残し、対ソ諜報活動を継続した。しかし、一部の特務機関は次第に焦点を対中国に移していった。

１９２７年、日本軍は山東出兵を実施。その派兵規模は最終的に約10万人に達し、中国側の死傷者は５０００人を超えた。この過程で、中国民衆の日本軍に対する憎悪が高まり、在留邦人への襲撃が頻発。それに対抗する形で日本軍が増強され、悪循環が生じた。

さらに、１９２８年には張作霖爆殺事件が発生。北支那や満州の情勢は混沌を極め、特務機関の関心はますます対中国（支那）に移った。

１９２９年、世界的な経済危機が発生すると、国際情勢はさらに不安定化。日本国内でも経済的困難が政治や社会に影響を及ぼし、軍部の台頭を招く要因となった。この時期、日本は軍国主義的傾向を強め、中国大陸への進出を一層強化した。

特に満州は、鉄鋼や石炭といった豊富な資源を有し、日本の産業発展にとって不可欠な地域であった。このため、日本は満州に対する影響力を拡大し、軍事力強化や情報戦の展開に注力。諜報活動やスパイ網の構築が進められる一方で、現地の緊張を高める要因ともなった。

このように、第一次世界大戦後の国際情勢の変化は、最終的に1931年の満州事変へとつながる道を開いたのである。

◆ソ連共産主義に対する浸透防止策

日露戦争後、日本では不景気を背景に社会主義が勃興した。1910（明治43）年には大逆事件で明治天皇暗殺計画が発覚する。この事件で幸徳秋水《こうとくしゅうすい》を含む26名が死刑などの刑に処された。この事件を契機に特別高等警察（特高）が設置され、政府は社会主義や無政府主義の根絶に乗り出す。

1914年に勃発した第一次世界大戦において情報の重要性が高まり、通信安全性向上のために暗号が発展した。戦争の長期化に伴い、武器製造や物資輸送が攻防の焦点となり、これらに対するスパイ活動が激化した。イギリスとドイツは情報戦や後方地域での破壊活動を展開し、国民へのスパイ防止が重要とされた。

さらにロシア共産主義革命を経てソ連が誕生。コミンテルンの支部として1922（大正11）年7月に日本共産党（日共）が秘密裏に設立された。日本政府は共産主義の浸透を阻止するため、1920年以降、内務省に外事警察制度を導入し、警視庁をはじめ主要な都道府県に外事課を設置した。また、1924年までに主要府県（一道三府七県）に特高を設置した。

1925年1月、日本とソ連は日ソ基本条約を締結し、国交を正常化した。この結果、両国の交流が活発になると、日本国内の共産主義運動が高揚し、共産主義者の非合法渡航が増加した。こうした状況を受け、１９２５年４月には治安維持法が制定され、日共に対する取り締まりが強化された。

１９２７年７月には、コミンテルンと日本共産党の代表が協議を行い、「27テーゼ」が採択された。このテーゼでは、共産党政権の樹立を目指す武装闘争が決定された。１９２８年２月に行われた最初の普通選挙では、無産（社会主義）政党から８名が当選した。だが、田中義一内閣はこれを危険視し、同年３月15日に日共党員やその協力者を大弾圧した（三・一五大検挙）。

治安維持法は１９２８年に改正され（改正治安維持法）、国体変革の最高刑が10年から死刑に引き上げられた。同年に特高が全国に設置され、特高や思想検察はこの法律のもとで社会運動を抑制し、１９３１年には検挙者数が１万人を超えるまで急増した。

この間、マルクス主義が一世を風靡し、合法および非合法の左翼出版物の洪水が起こり、無許可で暴力革命を扇動する書物が専門店で販売されていた。内務省をはじめとする一部の当局はその不穏な情勢に気づき、共産党の大規模な検挙を行った。

しかし、日本政府のコミンテルンおよび共産主義への脅威認識は不足していた。すなわち、幣原外相は協調外交の維持に固執し、コミンテルンが抱く世界侵略の野心に対する関心を欠いていた。１９２７年３月の第一次南京事件では、イギリスがコミンテルンの支援を疑い関係先を捜索したが、日本は幣原穏健外交のもと、ソ連に対して何らの対応を取ることはなかった。

第4節　陸軍参謀本部の改編と陸軍教範の整備

◆陸軍参謀本部の改編と大陸での情報活動

日露戦争の教訓をまとめた「明治38年 我軍ノ戦後経営ニ関シ参考トスヘキ一般の要件―満州軍総司令部―」という資料がある。ここから情報業務における問題点を整理してみたい。

「参謀本部内で相対的に遅れを取っていたのは諜報業務であり、その規模は小さく、手段も十分に整備されていなかった。平時の諜報活動は戦略計画の資料としては価値に乏しく、実際の戦役開始後に得られた諜報によってようやく計画を進め、事態に対処できたに過ぎなかった。

統計的な思考は発展していたにもかかわらず、陸軍は統計の重要性を十分に認識していなかった。例えば、戦役前に我が軍が算定したシベリア鉄道の輸送能力は、ロシアが他の輸送手段を利用して大規模な兵員や物資を極東へ輸送するという現実に即していなかった。また、ロシアが50万人以上の大軍を極東に送り込んだ際には、東部シベリアの物資が枯渇し、軍隊のみならず一般市民も飢餓に陥るといった推定は、過度に楽観的であった」

このように、陸軍は一方向に偏った諜報に依存し、統計的調査による裏付けを欠いた情勢判断の危険性を痛感した。この反省を踏まえ、1908（明治41）年12月に陸軍参謀本部の改編が行われた。主な改編内容は、五部二課体制の採用であり、各部に二つの課を設置したことが大きな特徴である。

つまり、日露戦争前に作戦と情報を統合し、以来、地域分担制が続いていたが（87ページ参照）、1908年末の改編で、作戦（第一部）と情報（第二部）が再び分化された。

◆暗号解読班の編成

1920年、第一次世界大戦後の参謀本部改編により、第二部の組織が再編され、第五課が外国情報（中国を除く）、第六課が中国情報、国内の兵要地誌および兵要地図を担当することとなった。

さらに、シベリア出兵や日ソ国交樹立を背景に、1928年に再び参謀本部の改編が行われた。この改編により、ようやくアメリカとロシアを担当する班が編成され、陸軍の情報体制における中国重視の方針に微調整が加えられたといえる。

暗号業務の経緯を見てみると、参謀本部は1922年夏、シベリア出兵（1918～22年）から撤退するためのソ連との交渉において、大連に派遣されていたウラジオ派遣軍司令部付の担当者を交渉現場に送り込んだ。この担当者は、憲兵を使いソ連代表団が宿泊中に捨てた紙屑の中から暗号文を発見し、その解読を在ポーランド駐在武官の人脈を通じてポーランド参謀本部に委託した。これをきっかけに、1923年に参謀本部はポーランドから専門家を招聘し、ソ連の暗号解読に関する講習を実施した。この講習に参加した担当者を班長として、参謀本部内に暗号解読班が編成された。

1930年の改編では、アメリカ・ソ連・中国の暗号解読の強化、平時における中国への無線諜報の研究、戦時における無線諜報機関の運用および編成の研究、平時の暗号電報の保全、軍に対する暗号知識の普及などが推進された。すなわち、平時と戦時を通じて暗号研究と諜報業務の連携を図った。

一方、海軍では1929年初頭に海軍軍令部内に少人数による暗号解読班が編成された。当時の傍受活動は、まず海軍技術研究所の平塚で行われ、その後、東京通信隊橘村受信所で実施された。第四課別室の職員は、中佐1名、少佐1名、大尉2名、タイピスト3名で構成され、解読作業の主な目標はアメリカとイギリスの軍事通信であった。

◆陸軍教範の改定と情報理論の確立

日露戦争の教訓を踏まえ、1907年10月に改訂された『野外要務令』は、大正期に入って1914年6月に『陣中要務』と『秋季演習』に分離された。『陣中要務令』の第三篇「捜索及諜報勤務」では、諜報の目的や実施方法、間諜の使用方法についても詳細に記述されている。

1924年には、『陣中要務令』が改正され、第一次世界大戦やシベリア出兵の教訓が反映された。この改正により、第三篇「捜索」と第四篇「諜報」となり、諜報に関する記述がより詳細に規定された。また、「宣伝」という概念が導入され、敵の宣伝活動に対抗する重要性が強調された。この背景には、第一次世界大戦におけるイギリスの対ドイツプロパガンダの影響があったと考えられる。

『統帥綱領』も日露戦争の教訓を基に1914年に制定された。これは、会戦単位である軍（軍団）以上の高級統率に関する大綱を定めたものであり、軍事機密として、特定の将校だけに閲覧が許可された。同綱領は1918年の第一次改訂を経て、1928（昭和3）年に第二次改訂が行われた。綱領では、諜報が捜索の結果を確認・補足する重要な手段とされ、組織的な諜報活動の価値が強調されている。

また、1932年頃に『統帥綱領』を教えるための参考書として『統帥参考』が編纂された。この参考書は「軍事機密」に次ぐ「軍事極秘」とされた。同書では情報収集手段としての「諜報」と「捜索」が明確に区別され、情報が戦略的情報と作戦的情報に分けられることなども示され、情報理論の確立進展がうかがえた。

さらに、1928年2月に制定された『諜報宣伝勤務指針』も「軍事極秘」とされ、参謀本部第八課（謀略課）や陸軍中野学校で使用された。この指針では、情報勤務が定義され、諜報と捜索の関係が明確化された。また、諜報業務の中で「査覈《さかく》」という概念が導入され、収集された情報の真偽や価値を審査し、情報の正確度や信頼性を判断する過程が重要視された。

1938年から1940年にかけて編纂された『作戦要務令』では、「査覈」が「審査」と呼び替えられ、情報審査においては、先入観や憶測を排し、敵の欺瞞や宣伝に惑わされずに情報を評価することが求められた。

こうした規定は、当時の日本陸軍が情報理論の重要性を理解していたことを示す一端である。日露戦争の勝利後、情報が軽視されていたという通説があるが、実際には第一次世界大戦以降、『諜報宣伝勤務指針』などを通じて情報理論の確立が試みられていたのである。ただし、陸軍教範で採用された「銃剣突撃主義」が情報軽視を招いたとの指摘もあり、この点については別途検証の必要がある（**249ページ**参照）。

第5章

満州事変後の孤独と混乱

——満州事変から日中戦争まで

図6　日中戦争に至る経緯

1925年	7月	国民党が広東国民政府樹立
26年	7月	蔣介石が北伐宣言
27年	4月	蔣介石が上海クーデターで共産党を追い出し、南京に国民政府樹立
28年	5月	蔣介石と日本軍が衝突（済南事件・山東出兵）
	6月4日	張作霖爆殺事件
	8日	蔣介石が北京入城
	8月	共産党が南昌武装蜂起
	10月	南京国民政府樹立（共産党は除外）
30年	12月	国民党軍が共産党軍に囲剿戦を開始
31年	9月	柳条湖事件（満州事変）
	11月	共産党が瑞金に中華ソヴィエト共和国樹立
32年	1月	米国がスティムソン・ドクトリン発表し日本批判
		第一次上海事変
	3月	満州国建国
	9月	日本が満州国を承認
33年	2月	関東軍が熱河作戦開始（国民党軍は第4次囲剿戦中止）
	3月	日本が国際連盟脱退
	5月	日中軍事停戦協定（塘沽協定）成立、熱河作戦終了
	10月	ドイツが国際連盟脱退
34年	10月	国民党軍が第5次囲剿戦。共産党が長征開始（35年10月、延安移駐）
35年	3月	ドイツのヒトラー政権が再軍備宣言
	6月	日本軍が華北分離工作開始
	8月	共産党が「八一宣言」発表
	10月	イタリアがエチオピア併合
36年	2月	日本で二・二六事件（その後、軍部の影響力増大）
	10月	日独防共協定（37年11月、日独伊防共協定に発展）
	12月	西安事件（国民党と共産党が和解）
37年	7月	盧溝橋事件

第１節　満州事変の勃発

◆満州事変による開戦謀略

１９２８年６月８日、蒋介石は北京に入城し、同年10月に南京国民政府を正式に発足させて主席となった。12月には張作霖の息子の張学良《ちょうがくりょう》が帰順し、蒋介石は中国の統一を果たした。だが、蒋介石の独裁傾向に反発する勢力も台頭した。１９２９年には李宗仁《りそうじん》を筆頭に、閻《えん》錫山《しゃくざん》や馮玉祥《ひょうぎょくしょう》が反旗を翻し、各地で反蒋運動が激化した。また、汪兆銘《おうちょうめい》が反蒋派のリーダーとして擁立される動きも現れた。

１９３０年５月、蒋介石率いる国民党と地方軍閥との間で中原大戦と呼ばれる大規模な内戦が勃発した。最終的に張学良の支持を得た蒋介石が勝利し、反蒋派は瓦解したが、汪兆銘はその後も反蒋運動を続け、１９３１年には広東臨時国民政府に参画した。

１９３０年には共産党への制圧に乗り出した蒋介石が、12月から囲剿《いそう》戦を開始した。「囲剿」とは、悪者を囲み滅ぼすという意味である。しかし、毛沢東率いる共産党はゲリラ戦でこれに応じ、第一次から第三次にわたる囲剿戦は１９３１年９月まで続いた。

この間、１９３１年９月18日、関東軍の石原莞爾《かんじ》が主導して柳条湖《りゅうじょうこ》事件を引き起こし、満州事変が始まった（**図７**）。蒋介石は共産党への攻勢を一時中断し、共産党は窮地を脱した。

しかし、蔣は「安内攘外《あんないじょうがい》」の戦略を採用し、国内の敵を排除することを優先したため、共産党との内戦が再び続いた。

共産党は満州事変の間隙を突いて江西省瑞金で中華ソヴィエト共和国を樹立し、毛沢東を首席に選出した。ここでは情報戦や遊撃戦の態勢が整えられた。

この満州事変は、関東軍参謀の石原が計画した開戦謀略とされている。大江志乃夫は「満州事変は張作霖爆殺事件での開戦謀略の失敗を教訓に行われた謀略であった」との見解に立つ。大江によれば、陸軍の中堅幕僚層は同爆殺事件で以下の四つの教訓を学んだと論じる。

①開戦謀略として機能しない軍事謀略は無意味である。
②現地での謀略にただちに軍中央が呼応する事前の準備が必要である。
③開戦謀略である以上は軍の断固たる決意のもとに政府をも同調させなければならない。
④開戦と共に戦争遂行に有効な国内体制を確立しなければならない。

さらに大江は「河本に対する厳罰を処さなかったことを幸いに、開戦謀略は関東軍を中心に参謀本部、陸軍省、朝鮮軍の中堅幕僚の横断的結合によってすすめられた」旨を主張している。

圧倒的に劣勢であった関東軍戦力でたちまち満州全土を制圧したのだから、これを単体として見れば「戦わずして勝つ」を信条とする謀略の成功であった、といえよう。

図7　満州事変の動き

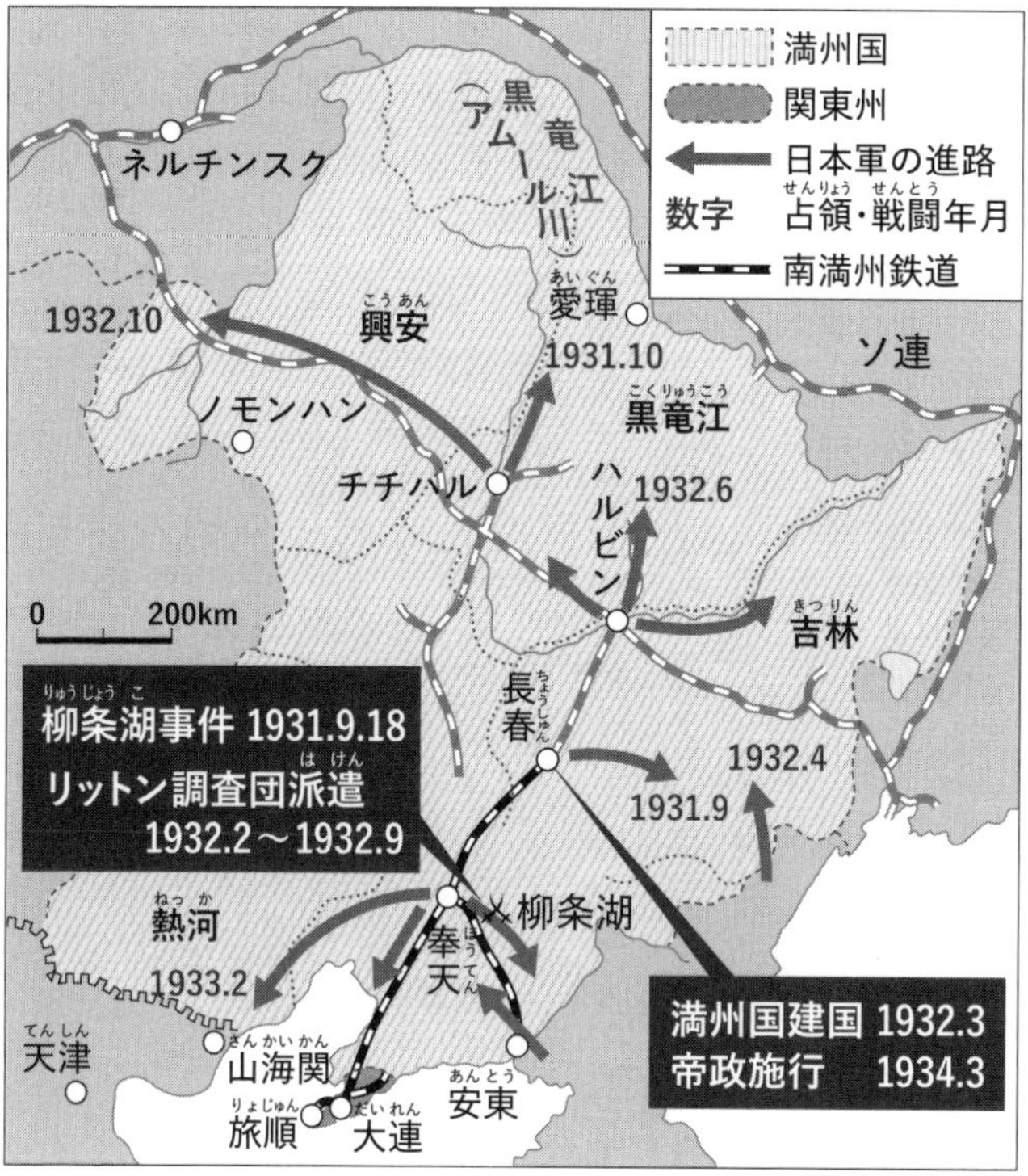
満州国
関東州
日本軍の進路
数字　占領《せんりょう》・戦闘《せんとう》年月
南満州鉄道
ネルチンスク
黒竜江
アムール川
愛琿《あいぐん》
1931.10
興安《こうあん》
1932.10
ソ連
黒竜江《こくりゅうこう》
ノモンハン
チチハル
ハルビン
1932.6
0　200km
吉林《きつりん》
長春《ちょうしゅん》
柳条湖《りゅうじょうこ》事件 1931.9.18
リットン調査団派遣《はけん》
1932.2～1932.9
1932.4
1931.9
柳条湖
熱河《ねっか》
奉天《ほうてん》
1933.2
満州国建国 1932.3
帝政施行　1934.3
天津《てんしん》
山海関《さんかいかん》
安東《あんとう》
旅順《りょじゅん》
大連《だいれん》

だが、その後に日本軍が泥沼の日中戦争に向かったきっかけとなったのだから、満州事変の謀略が成功と言えるかどうかは疑わしい。

◆事態拡大に向かう第一次上海事変

1932（昭和7）年1月に上海で僧侶を含む5名の日本人が中国人に襲撃され死亡し、事態は騒擾へと発展した（第一次上海事変）。日本海軍は陸戦隊1000名を派遣し、国民政府軍との軍事衝突に至り、この戦闘によって上海市街は甚大な被害を受け、反日感情が一層強まった。

この事変について、田中隆吉少佐（当時、上海駐在の日本公使館付武官）は、戦後の東京裁判で「自分が実行した謀略である」と証言している。田中の証言によれば、関東軍参謀だった板垣征四郎大佐から2万円の工作資金を受け取り、川島芳子（**117ページ**参照）を通じて中国人の無頼漢を買収し、彼らに日本人僧侶を襲撃させたという。この計画の狙いは、満州事変に集中している列国の関心を上海へ逸らすことだったとされる。

しかし、上海で騒動を起こせば、列国の関心をそらすどころか、逆に注目を集める可能性もあった。当時、関東軍が満州を着々と制圧していた状況を考えると、なぜ上海でこのような画策を行う必要があったのかは不可解である。

一方で、中国共産党は国民党内部に浸透させた工作員を通じて学生運動を扇動するなど、巧妙な活動を展開していた形跡がある。さらに、上海事変で国民政府は第十九路軍を派遣し日本軍に対抗したが、その指揮官である蔡廷鍇《さいていかい》は共産主義に傾倒していた経歴を持つ。戦後、蔡が共産党の重鎮となったことを踏まえると、彼が日中対立を意図的に拡大させた可能性も考えられる。

１９３２年5月5日に上海停戦協定（淞滬《しょうこ》停戦条約）が成立するものの、国際連盟および英・米などは日本への非難を強めた。すなわち、第一次上海事変は日中紛争を局地的な問題から世界的な問題へと拡大させたのである。

◆華北分離工作と土肥原の謀略

１９３２（昭和7）年1月、関東軍は満州全域を占領し、2月には清朝最後の皇帝・溥儀に満州国の建国を宣言させる。3月1日には、黒竜江省・吉林省・遼寧省を領域とする満州国の建国宣言が発せられる。

同年6月、上海事変後に囲剿戦（第四次）が再開され、江西省における共産党の根拠地のいくつかが陥落する。しかし、逃げ回る共産党に対して蔣介石は手を焼き、国民政府への不満が高まる中で、国共両党が一致して抗日戦に臨むべきだという世論が沸き起こる。

9月15日、日本は満州国政府との間で「日満議定書」を締結し、満州国を正式に承認する。

１９３３年1月、関東軍は満州国の領域と見なす熱河省への進出を準備し、熱河作戦を開始する。日本軍との戦いにより、蔣介石は第四次囲剿戦を一時中止する。

関東軍の攻撃は熱河省を越えて河北省まで拡大するが、国民政府は共産党との内戦を優先し、日本と妥協することで1933年5月に塘沽《たんくー》停戦協定が成立する。この協定により、日本軍は長城線まで撤退し、国民政府軍も後退した。長城の南側に位置する冀東《きとう》地区は非武装地帯となり満州国と中国本土の境界が明確化され、事実上、満州国の存在が認められることとなる。

1934年10月には第五次囲剿戦が開始され、共産党は江西省の根拠地を放棄して長征を開始する。長征途上の1935年8月、コミンテルン第七回大会で「反ファシズム統一戦線（人民戦線）」の方針が採択され、この方針が中国共産党に伝えられる。10月に長征が終了し、共産党は延安に移駐する。

一方、満州国内では反日運動の高まり、労働力不足、経済不振などの問題が顕在化し、関東軍は満州国の安定維持を図るため、1935年から華北分離工作を開始する。これは、華北五省を国民政府から切り離し、自治政府を樹立する計画である。

こうした状況下、北京の学生たちを中心に抗日運動が全国に広がり、日本への抵抗が強まる。この抗日運動の背後には、中国共産党北方局の劉少奇《りゅうしょうき》が学生を取り込み活動を展開していたとされる。

華北分離工作では、土肥原賢二が重要な役割を果たす。土肥原は満州事変後、地方軍閥を蔣介石の中央政府から切り離す工作を進め、土肥原・秦徳純《しんとくじゅん》協定を締結する。その結果、河北

土肥原賢二（1883～1948年）

省には冀東防共自治政府が成立する。

土肥原の謀略のスタイルは、奉天特務機関時代の部下であった今井武夫によれば、「中国の一地区で馬賊や密偵を使って騒擾を起こし、鎮圧のために中国軍が出動する。騒ぎが大きくなると在留日本人の保護を理由に日本軍が出動する」という手法であるとされる。

一方で、土肥原の謀略には誠意をもって相手と心を通わせるスタイルもあり、「謀略は誠なり」という言葉でその姿勢を表している。かつて土肥原の参謀であった瀬《せ》島《じま》龍三《りゅうぞう》は、土肥原から「謀略はテクニックではなく、徹頭徹尾、誠をもって相手と向き合うことが重要である」と教えられたと語っている。

部下の土肥原評として、「彼は信奉する『誠心』によって部下を信頼し、任せ、責めることなく自ら責任を取る人物であった。また、日常生活は精錬であり、春風駘蕩《しゅんぷうたいとう》として怒りを知らなかった」と記録されている（『秘録土肥原賢二』）。

土肥原の「誠心」を証明する事例として、柳条湖事件の4日後、関東軍参謀室に集まった際、板垣征四郎が満州全域を日本領土として占領すべきと主張したのに対し、土肥原は在満蒙五族協和国の設立を譲らなかったというエピソードがある（歴史REAL編『満州怪物伝』）。

また、奉天の治安維持のために臨時市長を務めた際には、経費がなかった奉天市のために自分名義で大金を借りて市の経費に充てたが、その後の返済問題で訴訟となり、一生かかっても返せないと悩む状況に陥ったという。

1945年、土肥原は戦犯としてGHQに逮捕されるが、アメリカ側が調査したところ、持ち家すらない質素な暮らしぶりに驚かされたという。ただし、土肥原の「誠」がどれほど中国人を動かし、謀略の成功に寄与したかについては疑問が残る。

◆西安事件は中国共産党の謀略か

1927年の張作霖爆殺後、日本への敵対心を露わにした張学良は、蔣介石の掲げる「安内攘外」戦略に不満を抱いていた。アヘン中毒の治療を兼ねて欧州を歴訪していた張は、1934年に帰国した後、旧奉天軍閥の残党を糾合して東北軍を再編成した。

西安に駐留した張は、1935年9月から11月にかけて共産党の根拠地を攻撃したが、捕虜から共産党が抗日民族統一戦線を提案していることを聞かされる。これを契機として、1936年2月から共産党の諜報機関指導者である李克農を通じて接触を開始し、4月には延安で周《しゅう》恩来《おんらい》と極秘会談を行った。

10月下旬、蔣介石が西安に赴き、張学良が指揮する東方軍の戦況不振を目の当たりにすると、蔣は東北軍を福建に移し、より精強な軍を投入する構想を固めた。12月、蔣が再び西安を訪れ、張に福建への移動を最後通告すると、張は「内戦停止、一致抗日」を提案した。これに激怒した蔣に対し、張は12月12日に蔣を監禁し、その後2週間にわたり共産党側の周恩来らとの折衝を経て、一致抗日を条件に蔣を解放した。これがいわゆる西安事件である。

この事件により、国共内戦は一時的に終息し、抗日民族統一戦線が形成された。張学良が自身の権力基盤を維持するために共産党に接近したのか、あるいは共産党が張の野心を見抜いて統一戦線に誘導したのかは明確ではない。しかし、結果的に西安事件は共産党の意図に沿う形で展開したことは中国共産党による謀略の可能性を秘めていると言えよう。

第2節　満州事変後の内外情勢

◆不拡大方針から満州国建国へ

本節では中国の満州事変前から満州国の承認、国連脱退に至る時代の日本政府の状況を考察していく。

1930（昭和5）年4月、憲政会の濱口雄幸《おさち》内閣は海軍軍令部の反発を抑えつつ、ロンドン海軍軍縮条約を締結した。しかし、右翼や政友会は「海軍軍令部の承認なしに兵力量を決定することは天皇の統帥権を侵害するものだ」として濱口内閣を批判し、「統帥権干犯問題」が浮上した。この問題を契機に、濱口内閣は1931年4月に退陣し、民政党の若槻礼次郎内閣（第2次）が発足した。9月には満州事変が勃発する。

穏健派である幣原喜重郎外相を擁する若槻内閣は、満州事変の不拡大方針を閣議決定し、兵力を撤収する方針を示した。しかし、軍部は南次郎陸軍大臣の辞任をほのめかして内閣に圧力をかけ、結果的に若槻内閣は倒れた。ここには、ロンドン海軍軍縮条約締結の際に海軍の意向を無視し統帥権を軽視したことへの軍部の強い反発が影響していた。

同年12月には犬養毅《いぬかいつよし》内閣が成立した。犬養首相は満州国の承認が国際連盟からの脱退につながることを懸念していたが、1932年5月の五・一五事件で暗殺された。犬養はかつて軍縮条約に反対する軍部に同調し、統帥権干犯問題で濱口内閣を批判していたが、いざ内閣の長として軍縮を進める立場になると、軍部の不満が爆発し、青年将校による襲撃の標的となったのである。

犬養の後任として、海軍出身の斎藤実が「挙国一致内閣」を組織し、就任した。彼は就任からわずか4か月後の1932年9月15日に満州国を承認する決断を下した。

◆満州事変への国際社会の反発と日本の国際連盟脱退

満州事変と満州国の設立は、日本に対する国際的な非難と警戒を引き起こした。特にアメリ力や国際連盟が日本の行動を強く批判した結果、日本は国際的に孤立を深めることとなった。ただし、中国（中華民国）が満州事変を日本による侵略行為として国際連盟に提訴したものの、当時、国際連盟や各国はいずれも日本の行動を「侵略戦争」と明確に認定するには至らなかった。

第三国の中でもアメリカは特に強い反発を示し、1932年1月、スティムソン国務長官は「不戦条約に反する手段で得られた状況や条約を承認しない」との方針を日中両国に通達した。これは「スティムソン・ドクトリン」として知られるようになり、日本の満州での権益拡大に対する批判を表していた。しかし、当時のアメリカは世界恐慌への対応を優先しており、対日制裁には踏み切らなかったため、日本は満州国の建設を継続することができた。

だが、1933年にフランクリン・ルーズヴェルトが大統領に就任すると、スティムソン・ドクトリンを支持する立場を表明し、より強硬な対日外交が展開されるようになる。これが後に日本が対英米戦争を決断する一因ともなった。

イギリスやヨーロッパ諸国も日本の満州での行動に懸念を抱き、国際連盟を通じて対応を試みた。だが、満州に直接的な利害関係がなかったため、積極的な対立行動には至らなかった。

一方、ソビエト連邦も日本の満州での行動に警戒感を強めていた。満州はソ連にとって戦略的に重要な地域であったが、当時のソ連は国内経済や内政に注力していたため、対日直接対立は避けつつも、後には日本に対する軍事的警戒を強化するようになった。

国際連盟は中国からの提訴を受け、リットン調査団を派遣し、1932年に報告書を発表した。この報告書では、日本の行動は自衛としては認められず、中国の主権を侵害する行為であると指摘された。また、満州国の独立は認めるべきではないとし、国際連盟総会でこの内容が採択された。

なお、リットン報告書には「満州における日本の権益は正当なものであり、日本人居住者の安全と権益が不当に脅かされている事実を認める」部分もあり、日本の立場や行動にある程度の理解を示している箇所も含まれていた。また、リットン報告書が「満州事変は日本の侵略行為である」と認定したとする見解も見られるが、当時「侵略」の定義はなされておらず、侵略という言葉で日本を直接非難した事実はなかった。

だから、日本がより慎重に行動していれば、事態は異なった展開を迎えた可能性も考えられる。だが、日本はこれに強く反発し、1933年に国際連盟からの脱退を決意した。それにより、日本の国際的な孤立はさらに深まった。

◆外務省内の葛藤――英米派と革新派

さて、こうした日本の一連の動きについて、外務省はどうだったのか。外務省内では、英米派と革新派（強硬派）に分かれていた。知米派の巨頭である幣原喜重郎外相は、閣議において事態の不拡大方針を述べたが、若槻首相による内閣総辞職により、1931（昭和6）年12月に辞任した。

一方、満州事変発生時に南満州鉄道（満鉄）総裁の内田康哉は当初は不拡大の方針であったが、関東軍司令官・本庄繁との面会後に強硬派に転じた。内田は１９３２年7月に外務大臣に就任し、8月25日に衆議院で「国を焦土にしても満州国の権益を譲らない」と答弁した（焦土演説）。１９２０年代の国際協調の時代を代表する外政家である内田のこうした急転向は、「焦土外交」として物議を醸した。

英米派の駐華公使である重光葵《しげみつまもる》は、満州事変に反対の立場をとり、外交協調路線による問題解決を主張していた。１９３２年1月28日に始まった第一次上海事変では、重光は欧米諸国と協力し、停戦のために奔走した。また、彼は日本のドイツ接近や欧州戦争への巻き込まれに懸念を示していた。

「幣原外交の寵児」と言われた外交官の白鳥敏夫は、満州事変において「１８０度の転回」を遂げ、強硬に日本の権益擁護を主張した。彼は、後に外務省内の革新派の中心人物となって三国同盟の締結に尽力した。また、「ニキ三スケ」と称された満州における五人の実力者、東條英機、星野直樹、鮎川義介《よしすけ》、岸信介《のぶすけ》、松岡洋右《ようすけ》も、満州における日本の権益確保に奔走していた。松岡の「満州は日本の生命線」という発言は当時の流行語ともなった。

１９３３年3月、ジュネーブでの国際連盟総会において、満州国は正式な国家として承認されず、松岡洋右は日本の主張が通らなかったとして国際連盟からの脱退を宣言した。ただし、これは松岡の独断というよりも、当時の政府方針に従った苦渋の決断であったとされる。

このように外務省内の派閥や勢力争いは複雑であり、このことが日本の外交方針や国際関係に多大な影響を与え、結果として日本の国際的孤立と戦争への道を決定づけた。

第3節　軍事クーデターと二・二六事件

◆海軍内の秘密組織と五・一五事件

次に、二・二六事件につながる軍内の動向に着目する。1920年代後半から1930年代初頭にかけて、軍内では国内政治への不満と国際的な圧力に対する鬱憤が渦巻いていた。これが、日本の政治・軍事構造に深刻な影響を及ぼすこととなる。

1928（昭和3）年3月、海軍兵学校出身の藤井斉《ひとし》中尉を中心に、海軍初の革新行動組織である「王師会」が結成された。当時、1921年のワシントン海軍軍縮条約に不満を抱く若手将校が増加しており、藤井もその一人であった。藤井は北一輝《きたいっき》の『日本改造法案大綱』に影響を受け、アジアの解放を主張する思想に強く共鳴していた。

日本は1930年代の初頭、世界恐慌の影響などで慢性的な不況状態にあり、企業倒産、失業者が続出した。多くの国民はその原因が政党政治の行き詰まりにあると見ていた。こうした政党内閣への不満と、国内政軍関係の軋轢や軍内の殺伐とした空気が、１９３０年代の下剋上のクーデターを生んだ。

１９３０年に起こった統帥権干犯問題を契機に、海軍の青年将校から国家改造の気運が盛り上がった。１９３２年５月15日に発生した「五・一五事件」は、王師会の古賀清志中尉と三上卓中尉が首謀した。犬養毅首相を暗殺したこの事件は、社会不安と政党政治の腐敗に対する不満が頂点に達した時期に生じた。事件後、多くの国民が共感を寄せたため、関与者の処罰も軽いものにとどまった。この寛大な処置が、後の二・二六事件を誘発する一因となった。

◆陸軍内部の派閥対立と二・二六事件

一方、陸軍では１９３０年に橋本欣五郎中佐が秘密結社「桜会」を結成。１９３１年には若手将校を煽動し、右翼思想家の大川周明《しゅうめい》らと共謀して、陸軍の重鎮をトップに据えることを目指したクーデター未遂（三月事件、十月事件）を引き起こした。しかし、これらの事件に対する処罰は驚くほど軽微だった。この寛容な対応が陸軍内の不満や不穏な動きをさらに助長し、１９３２年２月から３月にかけては右翼団体「血盟団」による連続暗殺事件（血盟団事件）が発生した。

当時、陸軍内では「統制派」と「皇道派（行動派）」という二大派閥が激しく対立していた。統制派は国力の総動員を目指し、計画的かつ合理的な国防政策を推進する立場であり、中央集権的な国家運営を志向していた。一方、皇道派は天皇を中心とした精神主義を強調し、軍事行動による国家改造を支持する革新思想を掲げていた。

血盟団事件によって皇道派への風当たりが強まる中、1935年には皇道派に近い相沢三郎中佐が統制派の中心人物である陸軍軍務局長永田鉄山少将を暗殺。いわゆる「相沢事件」は、皇道派の統制派に対する強烈な不満の表れとされ、一方で相沢の精神状態による行動との見解もある。相沢は私欲を捨て、義憤に駆られた人物であったと評され、後の二・二六事件に関わった磯部浅一《あさいち》は彼を北一輝と同様に崇拝していた。

この事件を契機に皇道派と統制派の対立は一層激化し、1936（昭和11）年2月26日、皇道派の青年将校たちは武力による政治改革を断行すべく、政府や軍首脳の殺害に踏み切った（二・二六事件）。

二・二六事件は、こうした派閥対立の先鋭化に加え、社会不安や経済的困難という時代背景が要因であった。事件には、北一輝の側近であった西田税《みつぎ》が結成した「天剣党《てんけんとう》」が関与しており、皇道派の思想に共鳴する磯部浅一元陸軍一等主計や村中孝次《たかじ》大尉が主要な役割を担った。磯部は指導的な役割を果たし、村中は部隊の指揮を担当した。

この事件は「昭和維新」を掲げた青年将校らによる政府高官への襲撃であり、斎藤実内相や高橋是清大蔵相が暗殺される事態に至った。天皇は事件への不支持を明確にし、軍上層部は迅速に鎮圧命令を発した。決起した将校の多くが死刑に処され、精神的指導者とされた北一輝や西田税も同様に処刑された。この事件を契機に皇道派の影響力は大幅に低下し、以後、陸軍内の主導権は統制派の手に握られることとなった。

◆軍部大臣現役武官制の復活

二・二六事件を受け、岡田啓介内閣は総辞職し、広田弘毅《こうき》が後任の内閣を組閣した。広田は陸軍大臣として寺内寿一《ひさいち》に入閣を要請したが、寺内はこれを受ける条件として「軍部大臣現役武官制」の復活を求めた。

この制度は、軍部大臣（陸軍大臣・海軍大臣）の任用資格を現役の大将または中将に限定するものであり、初めて導入されたのは1900年5月の山縣有朋内閣時代である。しかし1913年に山本権兵衛内閣によって「現役」の規定が撤廃され、予備役や後備役の将官も軍部大臣に就任できるようになっていた。寺内は、軍部大臣現役武官制が復活しなければ「斎藤内閣や岡田内閣で陸軍大臣を務めた林銑十郎《せんじゅうろう》が再び就任する恐れがある」と広田に警告し、制度の復活を強く要求したと言われている。

この制度が復活した結果、軍部の意向なしには陸海軍大臣が選任できなくなり、内閣が成立しない状況が生まれ、軍部の政治的影響力がさらに強まることとなった。これは、明治期に見られた挙国一致体制や、政治が軍部を統制していた時代とは対照的な状況であり、軍部が政治に対して主導的な役割を果たし始めたことを示している。

また、陸軍内部の派閥争いでは、統制派が皇道派を排除し、主導権を握るに至った。特に、統制派に属する東條英機の影響力が増大し、彼の存在が日本の戦略に大きな影響を及ぼすようになった。

広田内閣は組閣から1年もたずに1937年2月2日に総辞職した。その後、予備役大将の林銑十郎が組閣するも、林内閣も短命に終わり、6月4日に総辞職した。林内閣が「何にもせんじゅうろう内閣」と皮肉られたのは、軍部と政権の間に生じた深刻な軋轢を象徴している。

その後、政権は第一次近衛文麿《このえふみまろ》内閣へと移ったが、近衛もまた軽率な発言や政策により国政を混乱させ、次第に軍部の支持を失っていった。その結果、政権への軍部の影響力は日増しに強まっていった。

第4節　日本の外交・防衛戦略の悪手

◆次第に緊張化する日英関係

先述の1923年の「帝国国防方針」の第二次改定では、仮想敵国の順位は、従前の「ロ（ソ連）、米、支那（中国）」から「米、ソ、支那」となった。ワシントン体制下で悪化した日米関係は、1933年にフランクリン・ルーズヴェルトが大統領に就任して以降、さらに悪化した。

ただし、経済的な側面では意外な展開もあった。１９３４年、アメリカは日本との通商関係を維持するために日米通商条約の延長を決定した。この条約は、アメリカの保護貿易政策が強化される中での重要な出来事であり、両国の経済的な結びつきを示すものであった。

また、アメリカは１９３５年と１９３６年に中立法を制定し、武器の輸出禁止や金融支援の制限を強化した。これは、日中戦争へのアメリカの直接的な関与を制限するものであり、結果的に日本の軍事行動に対する警戒感を表していた。このように、アメリカは日本の軍事的拡張に対して警戒心を抱きつつも、経済的には関与を続けるという微妙なバランスを保っていた。

しかし、この外交政策は日中戦争が進行する中で限界を迎え、最終的には日米関係は決定的な悪化を迎えることとなる。

一方、日本とイギリスの関係は、１９２３年8月の四国条約で解消されるが、日英通商条約を締結するなど、経済や貿易の面では重要なパートナーであり続けた。日本も１９３０年のロンドン海軍軍縮条約へ参加するなど、国際協調主義を取った。そして、満州事変以後も、中国市場では満蒙の利益を日本が、香港を中心とする華南地域の利権をイギリスが確保する相互主義の関係もあり、日英関係は悪化しなかった。

しかしながら、１９３６年の帝国国防方針の第三次改定において、日本は仮想敵国として中国の次の第四位にイギリスを挙げた。この方針は、日本がアジアでの影響力を拡大する中で、イギリスとの対立の可能性を考慮したことを示唆している。

同時期、ドイツとイギリスの関係も複雑化していた。ドイツは再軍備を進め、領土拡張を目指す中で、イギリスはそれに対抗するための政策を模索していた。さらに、アメリカとの関係も影響を及ぼしており、イギリスはアメリカの支持を得ながら、ドイツの脅威に対処しようと努めていた。だが、日本はこの頃、ドイツとの接近を模索しており、日本はイギリスを仮想敵国として位置付け、自国の防衛戦略を強化しようとしたのである。

このように、日本とイギリスの関係は、戦略的な競争の中で緊張を増し、最終的には日中戦争の進展とともにより深刻な対立へと向かうこととなった。

◆日本のヒトラー政権への接近

第一次世界大戦後、ドイツはヴェルサイユ条約による厳しい賠償や領土喪失で経済・政治的に混乱していたが、アメリカの支援を受けて経済復興を進め、１９２５年にロカルノ条約を締結して穏健外交を展開、１９２６年には国際連盟に加盟した。「ヒトラーが混乱を立て直した」とされるが、復興はすでにその前から始まっていた。

この時期、ドイツは中国を天然資源の供給源かつ有望な市場と位置付け、日本よりも中国との経済関係を優先していた。一方で軍備復活を目指し、ソ連と協力。ソ連国内で砲弾や化学兵器を製造する代わりに、ドイツ軍将校がソ連で戦車や航空機の訓練を受ける体制が整った（阿羅健一『日中戦争はドイツが仕組んだ』）。

軍備復活を主導したフォン・ゼークト上級大将は、退役将校を外国に派遣する仕組みを整え、これが中国との軍事協力の基盤となった。蔣介石はソ連の影響を排除しつつ北伐（1926年7月〜）を進めるためにドイツとの関係を強化。1927年にはマックス・バウアー大佐が蔣介石の軍事顧問となり、黄埔軍官学校での訓練を指導した。

バウアーの死後、ゲオルグ・ウェトルス中将やヘルマン・クリーベル中佐が後を継ぎ、顧問団は約70名に拡大。ウェトルスは蔣介石の囲剿作戦（1930年12月〜）を指導し、クリーベルは帰国後もヒトラー政権下で中国との軍事物資の輸出を推進した。

1931年の満州事変で日本は国際的に孤立を深めた。この中で日本はドイツとの関係強化を模索するが、当時ドイツは国民政府軍の支援を続けており、1932年の第一次上海事変では日本が苦戦した。日本はドイツに軍事物資の輸出停止を求めたが拒否された。

1933年、ヒトラー内閣の成立を契機に、ドイツはジュネーブ軍縮会議に反発し、10月には国際連盟を脱退。同じく国際連盟を脱退していた日本とは一定の親近感が生まれた。陸軍内部ではドイツとの軍事同盟を推進し、ソ連を東西から挟撃する構想が強まった。

大島浩は陸軍大学校卒業後、1921年に初めてドイツに駐在し、1934年に再びベルリンに赴任。ナチス上層部との接触を進め、特にリッベントロップとの関係構築に努めた。リッベントロップはヒトラーの信頼を得るため、親中政策を親日路線に転じ、反共主義者のドイツ国防軍防諜部長カナーリスの支持を受けた。カナーリスは日本の対ソ諜報能力を高く評価し、日独接近を主張した。

二・二六事件後、ソ連牽制を目的とした日独同盟を求める陸軍統制派や松岡洋右を中心とする外務省強硬派の影響力が増大。広田弘毅内閣は国内外の情勢を考慮し、1936年11月にドイツとの防共協定締結を決断した。広田自身は対ドイツ接近には反対だったが、国内の圧力や国際共産主義運動の脅威を無視できなかった。

協定締結に際して問題となったのは中独連携の継続だった。ドイツは、蔣介石支援は共産党の勢力拡大を防ぐためであり、防共協定の趣旨に反しないと説明。最終的に日本の批判をかわし、防共協定は締結された。

参謀本部の情報部や作戦部で勤務した杉田一次《いちじ》は戦後に次のように述懐した。「特に情報の見地から反省せしめられることは、中国におけるドイツ軍事顧問団の活動状況を早期に発見できなかったことである。中国大陸には陸・海、他の多くの情報機関があり、またドイツには有力な機関が存在しながら数年間に亙る独軍軍事顧問団の活躍を把握し得なかったとあっては目明き盲という他ない。もし、それを知りつつ他方で、日独防共協定締結へと進んだとすれば、日本は精神分裂的症状に陥っていたと言われても仕方あるまい」（杉田『情報なき作戦指導』）。

◆揺らぐ対ソ連戦略

1929年の中ソ紛争以降、ソ連は国力増強と極東での影響力拡大を企図し、同年11月に満州里を占領した。１９３１年の満州事変以降、日ソは直接に境界を接することとなり、両者の緊張は高まった。

１９３２年10月、ソ連は対日懐柔を狙い、不可侵条約の締結を申し入れるが、日本政府は共産勢力の浸透への脅威感とソ連を敵視する陸軍内の強硬な反対意見が影響して、申し入れを拒否した。このことがソ連の軍備増強に拍車をかけることとなり、１９３５年前後のソ連軍対関東軍の戦力比は、３ないし4対１になったとされる。

１９３２年から３３年にかけて、参謀本部の第一部（作戦）と第二部（情報）で対ソ方針をめぐる対立が生じていた。第一部の作戦課長だった小畑敏四郎《としろう》はソ連軍の戦力を過小評価し、精神力や訓練の優位を強調して、米英との提携でソ連への攻撃を主張した。これに対し、第二部長の永田鉄山はソ連の軍事的優位を認識し、対ソ緊張緩和と軍の近代化を提案した。

１９３３年6月の陸軍参謀会議において、対ソ準備を説く小畑に対して、永田は、対支一撃論を唱え、両者相譲らずであった。結局、第一部の案が採用され、１９３３年に対ソ連重視の作戦計画が修正されたが、当時の日ソの戦力比からすれば無謀な内容であった。

この対立は後に小畑が属する皇道派と、永田が属する統制派の派閥抗争に発展し、皇道派は精神主義を重視し、統制派は軍の規律を重視するグループとして対立することになる。

満州事変以降、日本軍内部の対ソ方針を巡る対立とその後の派閥抗争は、大東亜戦争への道筋に大きな影響を与えたと考えられる。

第5節　対中ソと対米に向けた情報戦組織の改編

◆中ソ重視だった陸軍参謀本部の情報戦体制

満州事変から日中戦争開始まで、日本の対外情報活動は大陸（中国やソ連）とアメリカでの活動に分かれ、多岐にわたった。以下にその概要について言及する。

先述したように、第一次世界大戦が終わり、１９２０年の陸軍参謀部の体制は二課編成であり、第五課が支那（中国）を除く外国情報、第六課が支那情報を担当していた。

それが１９２８年８月の組織改編で、第四課が欧米情報、第五課が支那情報を担当することになった。この改編により、第四課の編制は、第一班がアメリカ、第二班がソ連、第三班が欧州、そして第四班が課報や謀略などの狭義の情報戦を担当することとなった。つまり、１９２８年の組織改編で陸軍では欧米課が設置され、アメリカとソ連は独立した班として昇格した。しかし、１９２３年の帝国国防方針で、仮想敵国の順位が従来のロシア・アメリカ・支那から、アメリカ・ロシア・支那に代わったものの、アメリカは班体制であり、相変わらず中国重視の体制が続いていた。

盧溝橋事件の前年１９３６年６月の組織改編では、陸軍は対ソ諜報を重視し、ようやく単独の課を設けてソ連を担当することとした。

一方、アメリカについては、欧州列国を管轄する欧米課の一任務として扱われていた。欧米課長によるアメリカ情報に対する責任と権限は限定的であった。１９３３年3月に欧米課長に就任した飯村譲大佐は、「欧米課長時代、重大な過失を犯した。陸軍はソ連を、海軍はアメリカを主な情報目標とし、それぞれ他を副目標とする業務分担を、海軍軍令部の情報部と決めたことである。このような国防上の重要問題を課長の専断で決めたことが問題であった」と述べている（飯村譲『現代の防衛と戦略』）。

戦後、飯村は、「この合意により、太平洋の表玄関を海軍に任せきり、口出しを遠慮したことが敗戦の一因になった」と回顧している。

なお、南進政策を進めるようになってからも、陸軍の米英情報は海軍に依存するばかりであった。太平洋戦争後も変化はなく、１９４２年1月22日、欧米課から独、伊専門の課を新設し、欧米情報よりも対独、対伊協力が重視された。陸軍の米英情報組織は開戦時に比べて弱化されることになったのである。

◆防諜、暗号解読組織の強化

１９２８年の陸軍参謀本部の改編では、防諜や宣伝、謀略、暗号解読などの特殊機密情報を扱う機関が課に昇格せず、その重要性が軽視されていた。しかし、満州事変後や国連脱退を契機に、日本国内では外国人や軍事施設の視察者が急増し、スパイ活動の兆しが見られるようになった。これを受けて、特別高等警察（特高）や憲兵隊が強化されたが、1936年の二・二六事件では軍内部の防諜体制に脆弱性が露呈し、陸軍内にコミンテルンの影響が疑われるようになった。

この状況を受けて、1936年8月には陸軍省に兵務局が新設された。兵務局は二・二六事件の後始末を表向きの目的としていたが、実際には軍紀や防諜業務を担った。兵務局内には1937年春に警務連絡班が秘密裏に設置された。なお、警務連絡班は1940年8月には陸軍大臣直轄の軍事資料部となり、敵国からの諜報や宣伝網の探知・破壊を目的とした活動を行うようになった。

1936年6月の改編で設置された暗号班は、暗号の解読と国軍暗号の作成を担当していたが、1937年3月末の改編では業務内容から国軍暗号の作成が外され、その業務は参謀本部第三部（動員・通信）の通信課に移管された。これは、情報部において暗号解読の重要性が強く認識されるようになったことを意味する。

その後、1939年3月に暗号班は「第十八班」となる。当初、班長は第二部長が兼務し、同班の人員は参謀総長直轄とされ159名であったが、1940年には第二部長の兼務が廃止され通信業務が主体となり、太平洋戦争開戦後の1943年7月に中央特殊情報部として独立し、参謀総長の隷下において終戦まで通信情報を担当した。

◆日米緊張化と海軍情報組織の変更

満州事変以前、海軍軍令部第三班が情報を担当していた。この第三班は少将が班長であり、第五課が欧米列国を、第六課がソ連および支那、ならびに戦史研究を担当していた（海軍では班が課より上位）。しかし、満州事変と第一次上海事変を経て１９３２年10月に海軍軍令部の機構改編が行われ、第三班は班長直属の部署を創設し、四課編成となった。班長直属の部署は情報計画および情報の総合判断を担当した。地域別の軍事および国情概況調査は次のように分担された。

第五課：南北アメリカ
第六課：支那および満州国
第七課：欧州列国
第八課：戦史の研究および編纂

この機構の改定で注目されるのは、アメリカ合衆国を含む米州と、支那および満州国をそれぞれの単独課が担任することになったことである。満州事変の発生を契機として日米関係がにわかに緊張化したことを意味する。

１９３３年10月には海軍軍令部条令が廃止された。この改編はアメリカとの関係が悪化する中で、海軍の役割を強化する主旨であった。海軍軍令部の名称も軍令部に改称、海軍軍令部長が軍令部総長に改称され、陸軍参謀本部と実質的に同等となり、伝統的な仮想敵国であるアメリカとの軍事戦略関係における海軍の影響力が強化された。ここに「太平洋戦争は海軍の戦争」と言われる源流がある。

海軍の権限が強化される一方で、陸軍との間に対立が顕著になった。各軍の間で情報や資源の配分を巡る競争が激化し、戦略的な協力が阻害される場面も見られ、日米関係が緊迫する中での統一的な戦略策定を難しくする要因となった。

海軍は、アメリカの軍事動向や政策、世論の変化を把握するために、通信傍受や在米日本企業からの情報収集を行う作業班を設置するなど、対米情報体制を強化した。

第6節　日中戦争開始前の情報戦

◆対ソ連の関東軍の情報戦

１９００年の北清事変の後の１９０１年に対清国諜報機関の拠点として関東都督府が設置され、１９１９年には関東都督府を関東庁に改組した。同時に、関東都督府陸軍部を関東軍として独立させ、台湾軍、朝鮮軍、支那駐屯軍と同列の地位に置いた。

満州事変以前の関東軍第二課（以下、関東軍情報課）は十分な諜報能力を持たず、情報収集は主に南満州鉄道株式会社調査部（満鉄調査部）に依存していた。しかし、満鉄調査部（１９０７年設立）の主な任務は満州や北支の政治、経済、地誌などの基礎的調査・研究であり、対ソ諜報に関しては不十分であった。また、関東軍情報課の情報関心は主に北支那（現在の華北）に向けられており、要員は中国に関する専門家が中心であった。これは、１９２０年代の幣原穏健外交によりソ連への警戒が緩み、結果として諜報能力が低下したためである。

満州事変以後、ソ連軍との対峙を想定し、関東軍情報課の強化が急速に進められた。１９３６年６月には参謀本部ロシア課が新設され、関東軍情報課もソ連専門家を配置することになった。

日本軍がシベリアおよび北満から撤退した後、特務機関の活動は一時停滞していたが、１９３２年に黒河特機関（１９２５年３月閉鎖）の再開を皮切りに、ハイラル特機機関など数か所の特務機関が新設された。

しかし、ソ連側は１９３３年頃から厳重な国境警備と徹底した防諜体制を敷き、密偵による情報収集は困難となった。このため日本は将校を合法的にソ連領内に派遣し、日本領事館にも情報将校を配置。隣国の日本公館にもソ連に詳しい将校を派遣し、情報収集を強化した。また、無線暗号の傍受や刊行物の調査、遠隔地からの継続的な視察など新たな情報収集方法が導入された。

1935年以降、満州国全般の治安がほぼ回復し、奉天を除く全満の特務機関は本来の対ソ業務に専念することができるようになった。ハルビン特務機関では白系ロシア人を活用した情報収集が進められた。文書課報班も設立され、新聞や軍事誌の分析、無線傍受が行われ、情報源の多様化が図られた。科学諜報の面では、特務機関がソ連の軍事暗号解読に取り組み、進展が見られた。

1930年代半ばから、山本敏少佐（後の光機関長）が「哈特諜《はとくちょう》」を開始し、ソ連からの無線情報を横流しさせた。この活動は終戦まで続けられたが、偽情報の混入リスクを招いた（**263ページ**参照）。

◆「支那通」による対中情報戦

陸軍にとって、明治の建国以来、中国は、ロシアに次ぐ重要な仮想敵国とされていた。満州事変以後、日本は満州支配の安定化を目指し、中国の内部状況を把握するため、軍閥や共産党、そして国民政府（蔣介石政権）に関する情報収集を強化した。特に国民党軍の動向を監視し、日本の権益確保が最優先された。

中国での情報活動の中核は中国公使館付武官（1935年以降は大使館）、そして中国の主要都市に配置された駐在武官が主として担った。これらには「支那通」と呼ばれる中国専門家が就き、個々の地域軍閥と密接な連携を保持した諜報活動を展開した。

満州事変後、日本軍は中国大陸を覆うように北京、天津、通州、太原、済南、青島、漢口、南京、広東に特務機関を設置するなど広範な情報収集活動を展開した。現地の漢民族や満州族、ロシア人などのネットワークを活用し、人的諜報活動を強化。中国軍閥の関係者も協力者として取り込み、国民党や共産党の動向を探った。さらに国内外の中国関連の出版物や報道を系統的に分析し、無線通信の傍受や暗号解読技術も活用することで、中国軍や政府の意図を明らかにしようとした。

通信傍受においては、１９２８年に起きた張作霖爆殺事件の時点で、陸軍はすでに張の配下が用いる暗号を解読していた。満州事変時には参謀本部が工藤勝彦大尉を関東軍に派遣し、現地で傍受活動を行わせた。

この活動で得られた情報は、事変後の蔣介石との停戦協定に役立った。当時の中国軍の暗号「暗碼」は4桁の数字で構成されており、保全強度が低かったため、日本軍は通信傍受によって蔣介石系軍の動向を把握していた。１９３６年までには、国民政府軍の暗号も解読可能となり、蔣介石が米英仏ソの駐在大使とやり取りする電信内容から各国の意図を把握することができた。しかし、共産党の暗号はソ連仕込みで防諜意識が高く、頻繁に暗号を変更したため、解読は困難を極めた。

また、日本海軍は、１９３２年の上海事変の際、上海特別陸戦隊に対中国作業班（C作業班）

を設置し、中国軍の暗号解読にあたらせた。これが上海機関（X機関）の発端であり、X機関は日本空母を攻撃する南京政府の意図を探知し、航空部隊をもってこれに対する先制攻撃を行った。

◆海軍の対米情報戦の強化

満州事変以後、日本とアメリカの経済依存関係は続いたが、日米の政治・軍事対立は深刻化した。日中戦争の開始が近づくにつれ、アメリカの対日政策や軍事動向を把握することは日本にとって重要な課題となった。

外務省や日本海軍は、ワシントンやニューヨークの大使館・領事館に派遣した外交官を通じて、アメリカの政治家や軍人との人脈を構築し、彼らからアメリカの対日政策や日中戦争に対する姿勢に関する情報を収集した。また、アメリカにいる日本人ビジネスパーソンや日系移民を活用し、アメリカ内の商業・経済情報を収集した。日系企業も独自にアメリカ市場での日本の立場を分析するための情報収集を行い、こうした企業情報は大使館経由で日本政府に伝えられた。

海軍は通信情報を重視し、１９３３（昭和８）年１月にはハワイ近海で米海軍の大演習の通信を傍受するため、タンカー襟裳《えりも》をハワイ近郊に派遣し、演習の構成部隊や経過を収集した。また、１９３６年には埼玉県大和田に傍受専門の受信所が新設された。当初は、予備役下士官がわずか9名配置されただけだった。なお、当時の陸軍の主な仮想敵国はソ連と中国であったため、対米暗号の解読は本格的には行われていなかった。

海軍要員を現地に派遣するヒューミント活動も行われ、1932年7月には中沢佑少佐と鳥居卓哉少佐が米西岸に駐在し、艦隊動向の監視を実施した。その後、鳥居少佐の死亡により、中沢少佐がサンフランシスコ郊外のサンマテに拠点を構え、艦隊情報の収集を行った。1933年12月から宮崎俊男少佐がロサンゼルスに着任し、中沢少佐と協力して情報収集に当たったが、駐在員1名では広大な地域の情報収集には限界があった。

さらに、海軍はアメリカの新聞、雑誌、政府発行の報告書などを体系的に分析し、アメリカの世論や政治の動きを把握しようとした。アメリカ内での日中関係の報道や対日感情の変化は、日本の外交政策に影響を与える重要な情報として重視された。

一方、先述のように陸軍はソ連と中国に情報関心が集中しており、対米活動は海軍に依存していた。

◆国内防諜体制の強化――特高の活動

満州事変（1931年9月18日）および国際連盟からの脱退に伴い、日本への外国人渡来者数や軍事関連施設への視察者が急増し、スパイと疑われる人物の徘徊が見られた。このため、内務省警保局の外事課と保安課が特高を運用し、国内の共産主義運動やスパイ活動を取り締まった。

特高による監視は共産主義者だけでなく、外国人スパイとの接触が疑われる一般市民にも及んだ。特高の厳しい監視の象徴的事件が、『蟹工船』の作者でプロレタリア文学作家小林多喜《たき》二《じ》の獄中死（1933年2月）であり、これが多くの共産主義者の反政府意識を高めた。

1933年からゾルゲが来日し、尾崎秀実を協力者としてスパイ活動を行った。特高は1935年ごろに共産党の組織的運動を壊滅させ、社会民主主義運動にまで標的を拡大したが、ゾルゲ事件の端緒を掴むのは難しかった。

1936年に二・二六事件が発生する中、内務省警保局外事課は外国人の拘留やスパイ活動への取り締まりを強化した。特高も共産主義思想の浸透防止のために国民監視を強化したが、水面下での共産主義の浸透阻止は困難だった。作家の保坂正康氏は、「二・二六事件当時、ある国の武官が『これは偽装された共産革命である』と報告したと聞いた。首相官邸と朝日新聞社襲撃を担当した栗原安秀中尉が、決行一週間前にソ連大使館の人間とあっているとの噂があった」といった話を語っている（保坂ほか『あの戦争になぜ負けたのか』）。

1936年8月、陸軍省は機密保護意識の希薄さを問題視し、二・二六事件の影響防止と共産主義の浸透阻止のために兵務局を新設した。この防諜活動の強化が中野学校の創設へとつながった。

第6章 大東亜戦争の軌跡と情報戦の試練

——日中戦争から太平洋戦争勃発まで

第1節　日中戦争開始と国家指導体制

◆盧溝橋事件と日中戦争の泥沼化

１９３７（昭和12）年7月7日、北京郊外の盧溝橋《ろこうきょう》（**図8**）で日中両軍が衝突した。当初、1週間ほどで現地での停戦合意が成立し、日本政府も不拡大方針を採用した。しかし、軍部内からの圧力や、一部の策謀により、戦線は拡大していくことになる。

軍の石原莞爾少将は「支那は広い」として戦局の長期化を予測し、拡大路線に反対の立場を取った。しかし、政府内では過小評価と「一撃膺懲《ようちょう》論」が支配的となり、制圧には短期間しかかからないとする見方が蔓延していた。ドイツが中国国民政府軍を支援していたという事実も軽視されており、情勢判断は慎重さを欠いていた面があった。

現地では停戦合意の3週間後に日本人の民間人２００人余りが殺害される事件（通州事件）も起こるなど、何者かによる挑発的な暴動が散発し、日本はそれに誘われるかのように拡大路線をとらざるを得ない状況へと追い込まれていった。

盧溝橋事件の原因については、国民革命軍第二九軍の偶発的発砲、日本軍による謀略、中国共産党による謀略の諸説がある。今となってはいずれが真実であったかを断定することは困難であるが、共産党にとっては理想的な展開になったことから共産党による謀略説は根強い。

図8　日中戦争の戦線の広がり

　１９３７年8月、上海で暴動が発生し、これを受けて日本は上海への増派を決定（第二次上海事変）。さらに9月には、国民党と共産党が再び提携し（第二次国共合作）、抗日民族統一戦線が結成され、これにより中国の抵抗は一層強固なものとなった。日本は次々と大軍を派遣し、１９３７年末には国民政府の首都南京を占領した。だが、国民政府は徹底抗戦の姿勢を崩さず、決戦を回避して、補給が困難な奥地へと誘い込む遅滞戦略により、日中戦争は泥沼化した。

　中国側はアメリカからの支援物資を受け取り、重慶に拠点を移して抵抗を継続した。共産党軍は毛沢東の指導のもと、日本軍との直接対決を避け、国民政府軍と日本軍を交戦させることで自らの勢力を温存する戦略をとった。

このように戦線が拡大する中で、戦費が急増し、日本政府は国内の経済統制を強化せざるを得なくなる。1938年には国家総動員法が制定され、物資の統制や労働力の動員が進められ、軍需産業への資源配分が優先された。さらに1939年には国民徴用令に基づき一般市民も軍需産業に動員されるなど、国家体制が総力戦の態勢へと移行した。

◆ドイツに翻弄される日本の対外戦略

1938年、ナチスドイツはオーストリアおよびチェコスロバキアを併合し、翌年9月にポーランド侵攻を開始。これにより第二次世界大戦が勃発した。この間、日本は「日独伊三国防共協定」を基盤に、対ドイツ追随外交を展開していた。

1939年初頭、ドイツ外相リッベントロップは「日独伊三国防共協定」にソ連を加えた四か国軍事同盟を提案。これに松岡洋右外相らは賛同したが、海軍は米英との戦争に勝機がないとして反対。海軍大臣の米内光政は戦力不足を強調した。一方で陸軍と外務省の親独派は、ドイツとの協力により日中戦争を有利に進めることを期待した。

しかし、1939年8月、ドイツは突如ソ連と不可侵条約を締結した。この決定は事前に日本へ通知されておらず、日本政府に大きな衝撃を与えた。その結果、平沼騏一郎《きいちろう》内閣は「欧州の天地は複雑怪奇なり」として総辞職する事態となった。

さらに、ナチスやヒトラーとの密接な関係を築いていた大島浩大使（１９３８年大使就任）でさえ、ドイツ側からこの動きについて全く知らされていなかった。同時期にノモンハン事件でソ連と激しく交戦していた日本にとって、ドイツの突然の行動は混乱をもたらすものだった。

１９４０年6月、ドイツがフランスを占領し、イギリスへの空襲を開始すると、日本国内の親独派はドイツの勝利への期待を高め、同年9月に日独伊三国同盟が成立。これにより日本は米英との対立を決定的にした。

枢密顧問官の石井菊次郎は、日独同盟（三国同盟）に際して「ドイツとの同盟で得をするのはドイツだけである。ビスマルクは国際間の同盟関係には騎手とロバが必要で、ドイツは常に騎手でなければならないと語った」と述べ、反対の意を示した。

しかし、日本はドイツ贔屓の姿勢を崩さなかった。結果的に、同盟関係に基づく情報交換が乏しく、日本はドイツの意図を誤解することとなった。大島大使はドイツから偏った情報しか得られず、それが日本の情勢判断を誤らせた要因となった。

１９４１年、松岡洋右外相はソ連との連携を図り、4月に日ソ中立条約を締結。しかし、6月にドイツが独ソ不可侵条約を破りソ連に侵攻。大本営情報部は「ドイツが短期間でソ連を制圧する」と楽観的な見方をしたが、これは慎重論を排除した結果だった。

その後、日本は南部仏印進駐を決定し、これが「ＡＢＣＤ包囲」（**図9**）による石油禁輸措置を招き、日米戦争の開戦に繋がった。

日本が真珠湾を攻撃し、太平洋戦争が始まると、ヒトラーは「我々は戦争に負けるはずがない。我々には三千年間一度も負けたことのない味方ができたのだ！」と演説した。ただし、これはドイツ国民の士気を高めるためのプロパガンダであり、日本への賛美ではなかった。

ヒトラーの著作『我が闘争』には日本人を蔑視する記述があったが、日独提携の障害になるとして、その箇所は日本語翻訳から削除されていた。ヒトラーの発言や『我が闘争』の記述からもわかるように、対日提携は日本への真摯な賛同に基づくものではなかった。日本はドイツの行動に翻弄されながらも、欧州戦場でのドイツの勝利を信じ続けた。この背景には、陸軍エリートたちのドイツ崇拝があった（**260ページ**参照）。

同盟国への盲信は禁物であり、相手国の国益や指導者の思想を深く理解し、行動を予測する必要がある。当時の日本は、この基本原則を確立できていなかったことが大きな問題であった。

◆国家情報体制の挫折

大東亜戦争に向け、日本は国家的情報体制の強化を狙いに情報宣伝と分析機能の強化を進めたが、その効果は限定的であった。

図9　三国同盟と「ABCD包囲網」

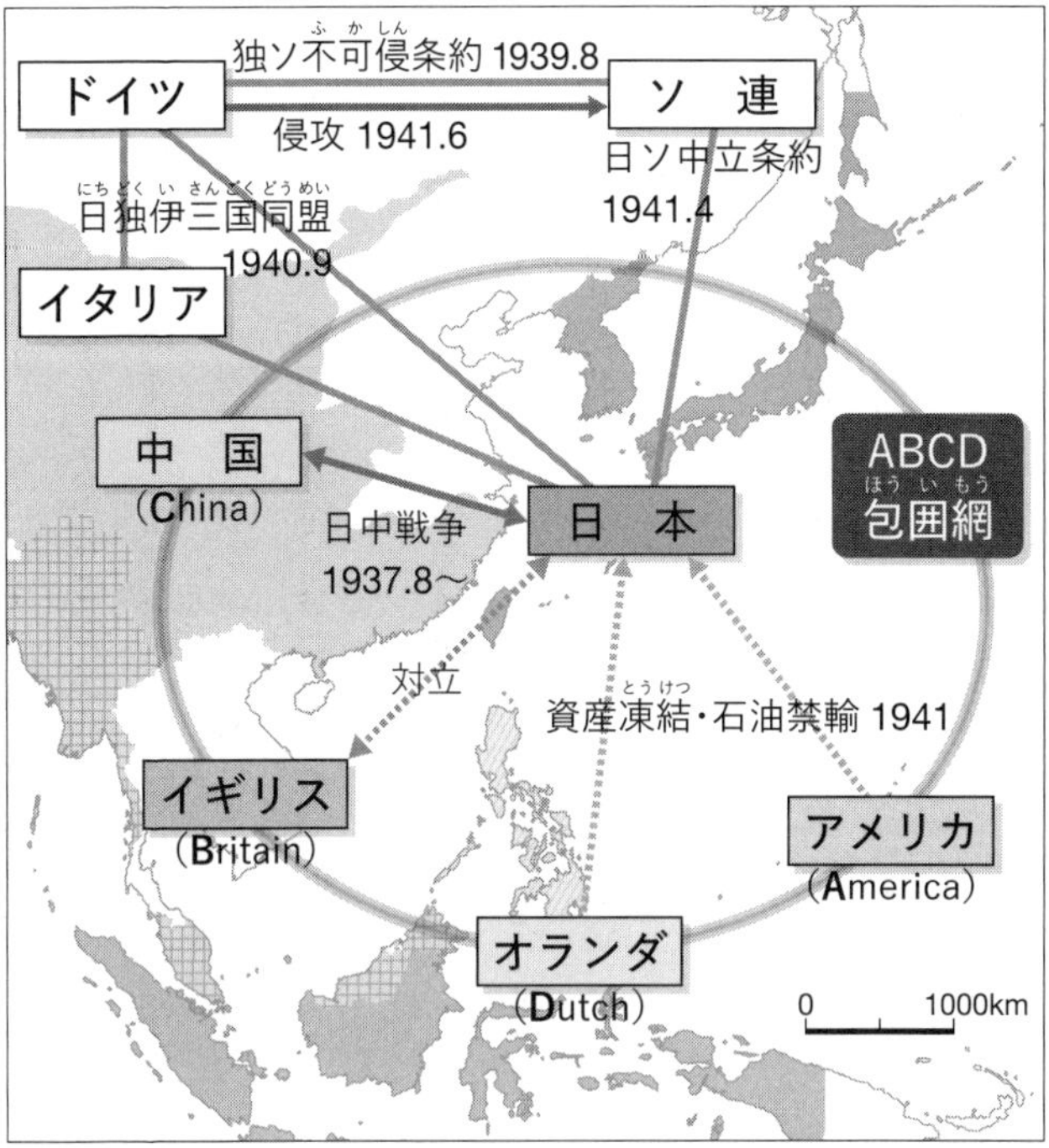

①内閣情報局の設立

１９３１（昭和６）年の満州事変後、日本は国際的な非難を浴び、外務省は対外戦略の見直しを図った。１９３２年に情報委員会が設置され、１９３６年には内閣情報委員会が成立、１９３７年には内閣情報部へと発展し、情報収集や広報活動が強化された。１９４０年には内閣情報局が設立され、世論形成やプロパガンダ、思想統制が統合された。しかし、内閣情報局は宣伝活動が主で、政策判断を支える分析機能は欠如していた。

②日本放送協会（ＮＨＫ）の海外放送

１９２４（大正13）年に設立された日本放送協会（ＮＨＫ）は、１９３５年より海外向けラジオ放送を開始。しかし、１９３７年の日中戦争以降は国際交流よりプロパガンダが重視され、反日感情の緩和には寄与しなかった。

③総力戦思想と総力戦研究所の設立

１９４０（昭和15）年10月、首相直結の「総力戦研究所」が設立された。これは、イギリスの「王立戦争研究所」を範として、陸軍の辰巳《たつみ》栄一大佐の主導で設立された。研究所は戦争のシミュレーションや分析を行い、特に１９４１年には日米戦争を想定した「机上演習」を実施した。この演習では、日本の国力が戦争に耐えられないとの結論が出されたが、あくまでも研究機関であって、実際の政策決定にはほとんど影響を与えなかった。

④陸軍省戦争経済研究班（秋丸機関）

1939年9月に設置された陸軍省戦争経済研究班、通称「秋丸機関」は、陸軍の戦争経済に関する調査を行う軍務局隷下の組織であった。秋丸次朗主計中佐を中心に、経済学者や統計学の専門家が集まった。

同年5月から9月にかけて満州国とモンゴル人民共和国との国境付近にあるノモンハンで、国境線をめぐって両国による紛争が発生。これが日本・ソ連による大規模な軍事衝突「ノモンハン事件」へと発展した。秋丸機関の設立は、このノモンハン事件で大敗北したとの認識から、戦争の形態が生産力や経済力の戦いであることを痛感した岩畔豪雄《いわくろひでお》の提案によるものであった。

秋丸機関は、ノモンハン事件後の経済調査を目的とし、開戦リスクを分析した。秋丸機関は未来予測として、「開戦しなければ二、三年後には国力を失う」と、「開戦すれば高い確率で敗北するが、極めて低い確率でドイツが勝利し、イギリスが屈服してアメリカが交戦意欲を失い、日本と講和する」という選択肢を提示した。一方、報告書の結論は「北進」を批判して開戦に向かう「南進」を求めた。この結論は、開戦に傾く陸軍省軍務局への忖度があったとされる。

以上のように、これらの機関は宣伝と分析の国家機能を強化するため設立されたが、情報の統合的な収集や分析、国家戦略決定を支えるインテリジェンスは不十分であり、中央情報機関としての役割を果たすには至らなかった。

第2節　日本軍の組織改編と情報戦の実態

◆謀略課の新設と政治工作の予兆

日中戦争の勃発に伴い、1937（昭和12）年11月に大本営が設置され、その下に陸軍部と海軍部が編成された。この際、参謀本部第二部（情報部）は「大本営陸軍部第二部」と改称され、国外での諜報活動を担う特務機関が臨時に増設された。この新体制下で、宣伝や謀略が積極的に展開されることとなり、これらを専門に扱うため、参謀本部情報部内に第八課（通称：謀略課）が設置された。

その設置経緯を遡ると、1936年6月の組織改編では、ロシア課の新設とともに、総合班が第二部長の直轄となった。この総合班は予算調整や情報統括に加え、謀報や謀略を担当していた。他方、情報部内には地域別の情報を総合的に評価する専門課が存在していなかった。

日中戦争を早期に終結させるため、対外情報戦の強化が求められ、総合班の要員が増強された。そして、総合班を基に宣伝、謀略、国際情勢の判断を主な任務とする新たな組織として第八課が創設された。このような設置の経緯から、第八課は国際情勢の総合判断よりも特殊任務に特化する傾向が強まり、謀略課と通称されるようになった。

このように総合判断機能が欠如したまま、謀略課の謀略活動が進められたため、担当者の主観や判断に依存する場当たり的な行動が問題として浮上した。

謀略課の初代課長には、「支那通」として知られる影佐禎昭《かげささだあき》砲兵大佐が就任し、中国大陸での政治工作が強化された。その後、謀略課は1941年に陸軍中野学校の所管を担うようになり、1942年には秘密戦機材の研究を行う陸軍第九科学研究所（通称：登戸《のぼりと》研究所）も指揮下に置くに至った。

◆陸軍の対中国・ソ連の情報戦

日中戦争が始まると、日本の情報活動の最優先はソ連・満州から中国大陸に移った。この戦争の展開に応じて、日本軍の組織も次のように再編された。

・1937年7月　盧溝橋事件と同年の第二次上海事変を受け、上海派遣軍が編成され、従来の支那駐屯軍は廃止。
・1937年8月末　北支那方面軍が編成。
・1937年11月　中支那方面軍が編成。

・1938年2月　南京陥落後、中支那方面軍は中支那派遣軍に改編。
・1939年　北支那方面軍と中支那派遣軍を統括する支那派遣軍（総軍）が編成。

以降の中国駐在の日本軍は支那派遣軍総司令官の指揮下に置かれるようになり、中国大陸における情報活動は支那派遣軍総司令部が統括する体制となった。総司令部内には情報を担当する第二課が設置され、北支那方面軍（北京）、第十一軍（漢口）、第十三軍（上海）、第二十一軍（広東）の各軍が情報収集任務に従事した。また、総司令部には暗号解読を行う特殊情報部も設置された。

日本軍は航空偵察や密偵の活用を通じ、列国による中国支援に関する情報収集を行うとともに、中国公使館や主要都市に配置された駐在武官を通じて地域の軍閥との連携を図った。1940年には南京の汪兆銘《おうちょうめい》政権（新中華民国政府）に大使館付武官が配置され、諜報活動が展開された。

一方、日本陸軍は重慶政府の弱体化を目的とした工作活動を進め、土肥原機関、松機関、梅機関を設立した。土肥原は満州での特務活動の経験をもとに、上海に「重光堂」という特務機関を設立し、親日派組織を形成した。松機関は岡田芳正中佐が、梅機関は影佐禎昭大佐が指揮を執り、蔣介石との和解工作や経済謀略に力を注いだ。

1939年には「対支経済謀略実施計画」に基づく偽札工作「杉工作」が展開され、登戸研究所が偽札製造を担当し、松機関が上海の秘密結社「青幇《チンパン》」と協力して偽札を流通させた。この偽札工作は順調に進展したが、敵側の偽札対策が積極的でなかったため、インフレ防止のために利用される結果となった（伴繁雄『陸軍登戸研究所の真実』）。

一方で、対ソ情報戦は関東軍情報課（第二課）が担当し、１９３９年初頭には課長以下７名の参謀が軍情班、兵要地誌班、宣伝謀略班、防諜班に分かれてソ連への情報収集にあたった。関東軍情報課はハルビン特務機関を中心に満州地区に15の特務機関を展開し、情報収集を試みたが、成果は限定的であったとされる。１９４０年４月にはハルビン特務機関を基盤として関東軍情報部が設立され、各地に数か所の支部が整備されたが、対ソ情報戦においても十分な効果を上げることはなかった。

◆ノモンハン事件と「恐ソ病」

１９３８年７月、日本陸軍は満州国に駐屯し、ソ連との国境警戒を強化していた。しかし、張鼓峰《ちょうこほう》事件を皮切りに、１９３９年にはノモンハン事件が勃発し、ソ連・モンゴル連合軍と日本軍は衝突するに至った。日本軍は戦術的な不備と情報判断の誤りから大打撃を被り、この出来事は日本の「完敗」として広く認識されている。

まず、通説に基づき、日本側の情報上の問題を整理する。日本軍は自軍の準備に過信し、希望的観測に基づいてソ連の兵力や工業力を過小評価していた。また、敵の装備や戦術が近代化しているとの情報が存在していたにもかかわらず、指揮官たちはこれを無視し、前線部隊には正確な情報が伝達されなかった。さらに、戦闘中には偵察報告を過度に楽観視する傾向が強まり、無線機の不具合も相まって作戦情報の伝達に支障が生じた。

日本軍が戦前から抱いていた「一撃膺懲論」や「日本軍の一個師団はソ連の三個師団に匹敵する」といった楽観的な過信により、敵を過小評価して大損害を招いた。戦闘の終盤には、ソ連が平文で流した偽情報を日本側が真に受けた結果、敵の動きを誤解し、いわゆる「狼少年症候群」に陥ってしまった。こうした過信が裏切られた反動で陸軍内部にはソ連への過度な恐怖心が生まれ、やがて「恐ソ病」と呼ばれる極端な警戒心へとつながった。このことが日本軍の誤った情勢判断を助長したのである。

情報戦で日本が劣勢に立たされていた一例として、第23師団の小松原道太郎師団長がソ連のエージェントであった可能性が取り沙汰されている。小松原はロシア通の情報将校であり、モスクワ駐在時にハニートラップにかかったとされている（福井義高『日本人が知らない最先端の世界史』）。さらに、同時期には海軍の小柳喜三郎大佐も同様の手口により脅迫を受けた末、自決したとの説もあり、情報漏洩の実態が浮かび上がっている。

近年、ソ連末期の情報公開や新たな資料の発見により、日本軍がノモンハン事件における対戦車戦闘で一定の優勢を示していたとする新説が浮上している。従来の「ソ連の圧倒的勝利」という通説は再検証されつつあり、具体的には日本軍の攻撃によってソ連軍が大きな損害を被った可能性が指摘されている。

また、１９３９年9月にドイツ軍がポーランドへ侵攻し第二次世界大戦が勃発したことで、ソ連は対ドイツ戦略に集中せざるを得なくなった。このため、ソ連はノモンハン事件の早期停戦を望み、戦局を有利に見せかけるために自国の損害を隠し、戦果を誇張したとされる。日本はソ連の情報戦に翻弄され、欧州情勢の変化に適切に対応できないまま、結果としてソ連有利の条件で停戦を結んだ可能性がある。

いずれにせよ、日本は「恐ソ病」に陥り、「北進論」を断念するに至った。そして、海軍と共に「南進論」を推進する道を選択した。１９４０年9月には北部仏印への進駐を強行し、日独伊三国同盟を締結した。さらに、日中戦争の早期解決を目指してソ連との関係改善を図り、１９４１年4月には日ソ中立条約を締結した。

しかしながら、6月にドイツがソ連への侵攻を開始した（独ソ戦争の勃発）。この時点で、日本がドイツと共にソ連を挟撃し、中国大陸での戦局を有利に進めると同時に、アメリカに戦争の大義名分を与えないという戦略もあり得た。だが、日本は「恐ソ病」に駆られ、また国際情勢判断を誤り、ソ連を攻撃する道を選ばず、7月には南部仏印への進駐を実施し、米英との対立を一層深める結果となった。

◆陸軍の南方作戦での情報戦

満州事変以降、我が国の中国大陸への軍事的進出が拡大する中、シンガポール、ジャワ、その他の地域に所在する南方華僑は、祖国の抗日運動を支持するために強力な日貨排斥運動（日本製品に対する不買・不売・不使用運動）を展開した。この運動は、資源が乏しい日本経済に多大な影響を与えるようになった。日中戦争が本格化するにつれ、世界の対日世論は日増しに悪化し、米英は次々と蔣介石に経済支援を行い、日本の東亜新秩序の推進を拒否し続けた。

この状況下で日本は、欧州で新しい世界秩序を唱えるドイツとイタリアに接近し、国際包囲網の打破と共産主義への対抗を目的として、１９３６年に日独伊防共協定を締結。その後、ドイツ、イタリアと連携して少しずつ南進を推進し、１９４１年7月には南部仏印に進駐、英米との決戦を確実なものとした。

１９４１年11月には南方軍が創設され、その指揮下に第14軍（フィリピン）、第15軍（ビルマ）、第16軍（ジャワ）、第25軍（マレー）が編成された。南方軍は日本陸軍最大の支那派遣軍に次ぐ規模の総軍であり、大東亜戦争の開戦に備えたものである。また、開戦後の１９４２年10月には関東軍が三番目の総軍に昇格するという流れが形成された。

南方軍総司令部には情報戦を担当する第二課が設けられたが、情報将校の不足や経験不足が課題であった。各軍には特種情報を担当する情報班が配置されたが、その成果は限定的であった。

また、日本は1935年頃からタイを拠点にインドシナ半島で諜報活動を展開し、1941年2月には鈴木敬司《けいじ》大佐を長とする「南機関」が設立された。9月には藤原岩市《いわいち》少佐がタイに潜入し、「F機関」を設立した。藤原はマレーやスマトラで対英独立運動を支援し、その後、藤原の活動はインド国民軍の結成を経て、インド独立運動へと発展した。

◆吉川猛夫海軍少尉の真珠湾諜報

日中戦争開始後の1937年2月、軍令部の機構改編により第三部は、従来の南北アメリカ、支那及び満州国、欧州列国の地域区分体制から、一課を増設し、南北アメリカ、支那及び満州国、ソ連及び欧州列国の一部、イギリス、そして「シャム」といった新たな地域区分体制に改められた。また、在米情報機構の活動は逐次強化され、駐米武官室の陣容は太平洋戦争開始時点で武官を含めて9名となり、アメリカに勤務していた他の海軍要員を含めると約30名に達した。さらに、留学生を駐在武官室に臨時勤務させる措置が取られた。

対米通信諜報活動も強化され、大和田通信所には優秀な現役下士官が臨時増員され、米、英、仏、ソ連の駐在武官室には1名ないし2名の下士官傍受員が配置された。また、1939年には、アメリカ側の通信により米艦隊がハワイ海域で大規模な演習を行うことを探知し、実戦状況下での傍受訓練を実施。その結果、演習の構成や部隊編制、演習の経過などをかなり詳細に明らかにすることができた。さらに、1940年11月にはメキシコに仕官1名と傍受員4名の対米作業班を新設し、大西洋における米艦隊の動静を把握した。

太平洋戦争開始直前には、次のようなハワイでのヒューミント情報活動が展開された。真珠湾攻撃の構想がほぼ固まった1941年3月、海軍は吉川猛夫海軍少尉をハワイに派遣した。

吉川は日本海軍を休職し、外務書記官としてハワイのホノルルに赴任。この事実を知っていたのは喜多長雄《きたながお》ハワイ総領事のみであった。彼は日本人二世のメイドを連れ、派手なアロハシャツを着て観光バスや遊覧飛行機に乗り、軍事施設などを見て回った。吉川は酒や女性との関係にふけることが最良の偽装方法だと確信し、「スパイは目立たないものである」という既成概念を逆手に取った。こうした裏で、吉川は米海軍の技術報告や大量の専門誌を読み漁って基礎知識を蓄え、真珠湾を見下ろす高台にある日本料亭「春潮楼」に通い、眼下の米艦隊の動向を監視したり、釣り人を装って水深を測定したりしていた（リチャード・ディーコン『日本の情報組織』など）。

吉川は1941年12月7日午前8時、予定された真珠湾攻撃の準備に備えて情報を日本に送った。彼は、この攻撃の数時間前に「真珠湾には空母はいないが主力艦艇はいる」といった情報を伝えた。なお、吉川の活動は米側の通信傍受活動により筒抜けであったとの見方もあり（ロバート・B・スティネット『真珠湾の真実』）、彼のヒューミント活動がどの程度有効であったかは評価が難しい。

こうした経緯を経て、海軍は対米英戦争に向けた情報活動を強化したが、「戦争中の日本海軍くらい情報を軽視したところはあまり類例がないだろう」と、海軍情報将校の実松譲《さねまつゆずる》は戦後に回顧している。

◆国家総動員法と国民の防諜意識の啓発

日中戦争開始後には国内防諜活動は一段と強化された。１９３７年8月、軍機保護法が改正され、軍人だけでなく民間人も取り締まり対象となり、軍事施設の立ち入りや写真撮影なども規制された。最高刑は死刑とされ、厳しい処罰が導入された。

１９３８年4月、「国家総動員法」により、政府は戦争に必要な物資や労働力を議会の承認なく動員できるようになり、経済警察・司法体制が強化された。7月には警保局に、8月には各府県警察部に経済保安課が設置された。

こうした動きの中、日本国内での外国のスパイ活動が活発化し、特高や憲兵隊を含む複数の機関が防諜活動を強化した。12月には防諜委員会が設立され、国民の防諜意識の啓発が図られた。都道府県にも防諜委員会が設置され、ビラやラジオ放送を通じて啓発活動が行われた。

１９４１年1月には近衛内閣が「新聞紙等掲載制限令」を発布し、軍や外交の機密情報の報道を禁止した。違反した出版物は発禁となり、言論統制が一層厳しくなった。3月には国防保安法が制定され、最高刑は死刑と規定された。「防諜週間」が全国で実施されるようになり、国民の防諜意識がさらに強化された。なお、ゾルゲはこの国防保安法違反の容疑で死刑に処せられた。
このようにして、戦時体制下で防諜の取り組みが拡充され、国民の防諜意識も急速に広がっていった。

第3節 中野学校創設に込められた思い

◆中野学校の創設と発展

中野学校は、第二次世界大戦期に日本陸軍が設立した情報戦士（秘密戦士）の養成学校である。主に諜報、防諜、謀略活動に従事する人材の育成を目的とし、対外諜報活動の強化と国防支援を創設理念として掲げた。

1931年の満州事変以降、日本は対ソ連国防の最前線を満ソ国境に移し、防諜体制の強化が急務となった。この背景から、1936年には陸軍内に防諜委員会が設置され、新たに兵務局も発足した。兵務局の岩畔豪雄中佐は「軍機保護法」の改正に着手し、1937年には防諜専門機関「警務連絡班」が創設された（168ページ参照）。

警務連絡班の設立後、敵国に対する積極的な諜報・謀略活動を行う新たな組織の必要性が高まった。岩畔中佐や秋草俊《あきくさしゅん》中佐、福本亀次憲兵中佐を中心に、諜報・謀略要員の養成機関の設立準備が進められた。1937年秋、岩畔中佐は参謀本部に「諜報、謀略の科学化」に関する意見書を提出し、これを受けて12月、軍務局の軍事課長・田中新一大佐が秋草、福本、岩畔に対し、諜報、宣伝、防諜などの人材を養成する機関の早急な設立を命じた。

こうして1938年1月に「後方勤務要員養成所」が設立され、初代所長の秋草のもと、7月には1期生19名が入校した。1期生に対する陸軍省兵務局長の今村均《ひとし》少将との会食や東條英機陸軍次官の視察など、新機関の発展への期待が高まる気運はあった。

だが、参謀本部内では新組織の設立に賛否が分かれていた。ロシア課はソ連国家情報機関との情報戦での対応を重視し積極的に支持したが、欧米課や支那課は、現行の駐在武官制度への影響を警戒し、中には強硬に反対する意見もあった。国家の論理よりも各部門や個人の論理が優先され、当時の情報戦を有利に進めるための教育機関設立の声は大きくならなかったのである。

予算確保や施設確保にも苦労し、当初は九段下の愛国婦人会本部内集会所を借りて寺子屋式の教育が行われた。その後、1939年4月に中野へ移転し、1940年8月には陸軍大臣直轄の学校となり、「陸軍中野学校」と改称された。施設や教育内容も整備され、私塾的な形態から正式な学校組織へと成長していった。

◆戦争に翻弄され変容していく教育理念

中野学校（後方勤務要員養成所）は、かつてない新組織であったため、関係者それぞれの思いは微妙に異なっていたが、初代所長である秋草俊中佐は、ソ連の強固な防諜体制を知る立場から隠密諜報の重要性を強調し、「替わらざる駐在武官」の育成を使命として掲げた。これは、戦争が始まれば正規の駐在武官が任地に留まれない状況に備え、一般外交官や民間人などに身分を偽装し、現地で継続的に諜報活動を行える秘密戦士を育成することを目指したものである。「替わらざる武官」の養成という理念は漠然と理解されていたが、具体的な内容が不足していた。そのため、日露戦争で活躍した明石元二郎大佐の報告書などが教材として使用された。後方勤務要員養成所発足から約3年間、1期生から3期生までは、海外での長期的な秘密戦士の育成を目指した教育が行われた。

1939年8月に卒業した1期生は、国内防諜機関の警務連絡部（1940年8月に陸軍大臣直轄の軍事資料部に発展改組）のほか、ほぼ海外の大使館に「替わらざる武官」の卵として配置された。

1940年夏頃の国際情勢は、日本の北部仏印進駐や欧州での独ソ戦勃発により急変し、中国大陸での日中対立は泥沼化が進んでいった。日本は、日露戦争以来の満州軍を基盤に支那派遣軍を創設し、全面対決に備えたものの、米英との戦争にはまだ踏み切っていなかった。

そのため、1940年10月に卒業した2期生の海外長期学生（2期生、3期生は海外長期と国内短期に分かれていた）の大部分は予定通り海外勤務が実施されたが、実際の赴任先は支那派遣軍や関東軍付が多数を占めた。

しかし、1941年に太平洋戦争が始まると、「替わらざる武官」の養成という教育理念は早くも崩れた。陸軍省の要請により占領地行政が教育課程に組み込まれ、アジアとの共存共栄を模索する意図のもと、住民工作や宣伝教育が強化された。広報宣伝や謀略宣伝として、拡声器の使用、スローガン作成、降伏勧告のビラ配布などが指導されるようになった。

戦況が悪化する中、中野学校卒業生の任務は、特殊機関の要員としての残置諜者（敵占領地に残留し、味方の反撃に備えて情報を収集する諜報員）や、現地での遊撃戦（ゲリラ戦）従事者へと変化していった。

戦争末期、日本軍が守勢に立たされると、陸軍参謀本部は中野学校に対し、遊撃戦教令の起案および遊撃戦幹部要員の教育を命じ、中野学校の教育は「秘密戦士」から「遊撃戦士」へと完全に転換された。

◆実践を重視した情報教育

このように中野学校に求められる内容は国際情勢や戦況によって変化したが、基本的な教育課目に大きな変化はなかった。**図10**は創設期の1期生の教育課目表であるが、2期生もほぼ同様の内容を受講した。

図10　陸軍中野学校1期生の教育課目表

一般教養基礎学	国体学、思想学、統計学、心理学、戦争論、日本戦争論、兵器学、交通学、築城学、気象学、航空学、海事学、薬物学
外国事情	ソ連（軍事政略）、ソ連（兵要地誌）、ドイツ、イタリア、英国、米国、フランス、中国（兵要地誌）、中国（軍事政略?）、南方地域（軍事）
語学	英語、ロシア語、支那語
専門学科	諜報勤務、謀略勤務一、謀略勤務二、防諜勤務、宣伝勤務一、宣伝勤務二、経済謀略、秘密通信法、防諜技術、破壊法、暗号解読 ※謀略勤務、宣伝勤務に一と二があったのではなく、教官が異なったので、筆者が番号を振った
実科	秘密通信、写真術、変装術、開緘術、開錠術
術科	剣道、合気道
特別講座、講義	情報勤務、満州事情、ポーランド事情、沿バルト三国事情、トルコ事情、支那事情、フランス事情、忍法、犯罪捜査、法医学、回教事情
派遣教育	陸軍通信学校、陸軍自動車学校、陸軍工兵学校、陸軍航空学校
実地教育	横須賀軍港、鎮守府、東京港要塞、館山海軍航空隊、下志津陸軍飛行校、三菱航空機製作所、小山鉄道機関庫、鬼怒川水力発電所、陸軍技術研究所、陸軍士官学校、陸軍軍医学校、陸軍兵器廠、大阪の織物工場、その他の工場、NHK、朝日新聞、東宝映画撮影所、各博物館など（往復は自由行動、終わって全員学習レポートを提出）

一般教養基礎学では、国体学や思想学が精神教育の一環として位置づけられ、楠木正成など歴史的先人の思想が学ばれた。統計学、心理学、気象学といった科目が組み込まれている点は注目に値する。具体的には、統計学には8時間、心理学には5時間が配当されていた。十分な時間とは言えないが、それでも終戦後に出光石油で勤務した1期生の牧沢義夫は、中野学校の教育で実務に役立ったのは統計学と資源調査のリサーチ法であったと回想している。

兵器学、交通学、築城学は陸軍士官学校の本科で修学する内容であり、海事学は上陸作戦における船舶の兵員輸送量などについての教育を行った。外国事情については、ソ連、中国、欧米、南方などの地域情勢が教えられ、現地に精通した者による情勢教育や勤務体験も伝えられた。講義による知識教育だけでなく、随時情勢判断の技能教育も行われた。

中野学校2期生の原田統吉は、以下のように回想している。

「講義は淡々と進み、やがて問題が出される。いつものことだ。『状況は本日の現状、駐ノルウェー武官としての状況判断及び処置如何』というもので、これはドイツが『ノルウェー、デンマークに進駐した』というニュースが新聞に伝えられた直後のことだった。与えられた時間は二十分。軍における状況判断は単なる状況の分析にとどまらず、相手の企図や実力、関連する一般条件を分析し予測する必要がある。そしてそれを基に『吾方は○○するを要す』という主体的な意志決定に至るまでの作業が求められる。この場合、武官の処置とは独立した秘密戦指導者としての具体的行動を意味する」（『風と雲と最後の諜報将校』）

専門学科では、諜報、宣伝、謀略、防諜といった秘密戦の構成要素について、多くの時間が配当され、これにより秘密戦士としての基本が確立された。

実科では秘密通信、写真術、変装術、開緘《かいかん》術（郵便物などを開けること）、開錠術といった秘密戦遂行のための科目が組まれているが、各実科に与えられた配当時間は20時間程度であり、体験程度に過ぎず、実際の現場で技術を活用するには不十分であった。ただし、技術教育は視覚的に印象に残るため、後に中野学校の映画などで大袈裟に取り上げられ、これが、中野学校が007的な〝スパイ学校〟と短絡的に理解される一因となった。

派遣教育や現地教育では、通信、運輸、工兵、航空などが教えられ、自動車や飛行機の操縦も体験された。また、非合法に近い訓練も行われ、軍需工場に潜入して生産量を調査したり、鬼怒川発電所に身分を偽って潜入し、偽装爆薬の設置を試みたりした。1939年8月の卒業旅行では、ノモンハン事件中に国境線の爆破を実行したほか、陸軍省を襲撃して秘密書類を盗み出す訓練も行われ、防諜の重要性を陸軍幹部に認識させる役割を果たした。実戦に近い状況で胆力と技術が鍛えられたのである。

1期生へのユニークな教育として今も語り伝えられているのが、甲賀流忍術十四世名人・藤田西湖《せいこ》による忍術教育である。授業は藤田の講義と実演のみで、学生の実習はなかった。また、前科十数犯の有名な掏摸《すり》や元女形を招き、実演や偽編術（変装術）の講座も提供された。これらは諜報活動上の行動保全や先入観の危険性を感覚的に学ばせるための印象教育であった。

さらに、一般人としての立ち振る舞いを習得するため、ダンスやビリヤード、テーブルマナー講習なども奨励された。これも軍人としての身分を秘匿する実践的訓練の一つである。

一般軍隊では「百事、戦闘をもって基準とすべし」と定められているが、中野学校では「百事、秘密戦をもって基準とすべし」の鉄則に基づき学校全体が動いていた。

中野教育の最もすぐれた点は、秘密戦という目的・目標を明確にし、そこに向けて自主錬磨の気概を養成した点にあった。秘密戦にとって、橋梁や工場、デパートの売り場、当日の新聞に載っている国際情勢、これらを〝生きている題材〟として、すべて秘密戦という目的意識から視察、考察させた。学生たちは課業外でも自主的にそれを行った。これが、短い期間に多くの課目を組み込んだ詰め込み式教育の弊害を緩和していたと思われる。

◆「誠」を涵養した精神教育

中野学校の教育は戦時の要請から、秘密戦士から遊撃戦士の育成へと変化したものの、「名利を求めない」精神は創設期からずっと継承された。１９４１（昭和16）年に示された「精神綱領」では、忠誠と自己犠牲、名利を忘れた崇高な義務が求められ、任務を全うする強靭な精神が重視された。

戦争末期には「謀略は誠なり」などの短句が掲げられ、精神教育が同志愛と勇気を養った。秘密戦士は「死んではならない」とされ、どんな苦痛にも耐え、生還して情報を報告することが使命とされた。教育では「暗示」「自己開発」「信頼」を重視し、無私の精神を育むことが目指された。

中野学校の卒業生が「最も印象に残った」と語るのが、精神教育である。これは学生隊長や訓育主任などによる「精神訓話」と「国体学」に分けられる。精神教育の主体となった国体学とは、日本の由緒正しい国家の体制を歴史的に学ぶ忠誠などの精神を涵養する学問である。

吉原政巳《まさみ》教官の着任後、国体学が取り入れられ、楠木正成が精神的理想とされ、湊川神社から分霊を受けた楠公社と記念室が設立され、ここが精神修養と自己省察の場となった。記念室には秘密戦士の遺影と遺品が展示され、学生たちは正座して国体学を学び、正座の痛みも精神鍛錬とされた。教材には『神皇正統記《じんのうしょうとうき》』や『弘道館記述義《こうどうかんきじゅつぎ》』が使われ、卒業時には楠木正成ゆかりの地を訪れる現地演習も行われた。

中野学校の精神教育では「誠」が重視され、吉原は「防諜・諜報・宣伝・謀略には純粋な動機が必要で、不純な権謀は醜い」と述べた。中野学校の教育は私服で行われ、軍人らしからぬ外見も求められたが、軍人精神の核心は変わらず教えられた。吉原は「軍隊教育と中野教育の違いはあっても核心は同じ」とし、「誠の精神」を重視していた。

吉原が教えた「誠」は、一般軍隊教育の「誠」と異なり、異民族まで含むものだった。一般の「誠」は天皇や日本国民に向けられるのに対し、中野で教えられた「誠」は秘密戦士かつ民族解放の戦士となることが求められ、南方進出により、中野学校の精神教育にはアジア民族との共存共栄を模索する新しい要素が加わった。このため、「誠」の範囲が拡大し、アジア全体の解放と共存共栄が中野学校の「悠久の大義」に含まれていた。

太平洋戦争が始まると、中野卒業生は情報戦士としての理念を十分に活かせないまま遊撃戦へ投入されたが、そこで発揮された状況判断力や危機回避能力は評価され、創設に反対していた参謀本部支那課も、特務活動での卒業生配属を望むようになった。また、南方戦線では中野卒業生が民族解放運動に関与し、現地住民と信頼関係を築きつつ融和的な姿勢で戦果を挙げたとの評価もある。これは中野学校の精神教育の成果と言えよう。

結論として、中野学校の創設は、情報戦の重要性を早期に認識し、それに応えるための新たな教育機関として意義があった。しかし、短期間で国家全体の情報能力を強化するには限界があり、中野学校の役割はあくまで情報戦士の基礎的な素養を養成することにあったと言える。

第4節　対中・対米政治工作の失敗

◆不発に終わったトラウトマン工作

1937（昭和12）年8月から第二次上海事変が生起し、日中関係がさらに緊張化した。10月に近衛内閣は蔣介石側に提示する「和平の条件」を策定し、それを11月に駐日独大使ディルクセンに伝えた。ディルクセンを通して「和平条件」を知らされた駐華ドイツ大使オスカー・トラウトマンは11月6日、蔣介石に日本の条件案を説明した。

蔣介石は当初この和平提案を拒絶したが、日本軍が南京へと迫りつつある危機的状況に鑑み、日本が中国の領土保全を約束するなら、和平を受け入れる用意がある旨を回答してきた。トラウトマンはこの内容をディルクセンに伝え、日本政府の判断を待った。

ところが、南京陥落後の12月に、日本側は新たな和平条件を策定して条件を吊り上げた。上海および南京を陥落させる過程で大勢の日本兵が死ぬなど、予想外の損害を被ったとの理由で、10月に策定したような和平条件では軍や国民が納得しないと考え、賠償金や日本軍部隊の駐留範囲の拡大など要求を上乗せしたのである。

蔣介石がこの要求に応じなかったため、近衛政権は1938年1月16日に「今後、国民政府を対手とせず」（第一次近衛声明）を発表し、蔣との交渉を終了した。これにより、トラウトマン工作は失敗し、日中戦争の終結は遠のいた。

トラウトマン工作は石原莞爾の提案で、多田駿《はやお》参謀次長も「この機会を逃せば長期戦になる」として交渉継続を求めたが、近衛首相、広田弘毅外相、杉山元《げん》陸相、米内光政海相のいずれもこの工作には賛成しなかった。

特に注目すべきは、日中戦争の拡大や米英との戦争に反対し続けた海軍の米内が、１９３７年８月の閣議で断固たる膺懲を唱え、１９３８年１月の御前会議ではトラウトマン工作の打ち切りを強く主張した点である。

◆近衛声明に基づく陸軍工作の失敗

トラウトマン工作の断念後、元謀略課長の影佐禎昭大佐と部下の今井武夫中佐らは、蔣介石のライバルである汪兆銘を担ぎ出し、新たな国家の建設に向けた工作を開始した。これに応じて、1938年11月3日、近衛は「東亜新秩序宣言」（近衛第二声明）を発表し、「国民政府といえども新秩序の建設に来たり参ずるにおいては、あえてこれを拒否するものに非ず」と述べ、以前の「国民政府を対手とせず」という発言を修正した。これは、蔣介石と対立していた汪兆銘を国民政府から離反させる狙いがあった。

続く12月22日、影佐らは汪兆銘を重慶からハノイへ脱出させた。その直後、近衛は「日満支三国の互助連環、共同防共、経済結合」を掲げる「近衛三原則声明」（近衛第三声明）を発表した。この声明は、汪兆銘の擁立を通じて中国を分断し、戦時経済統制を強化する意図を明確に示した。影佐は1940年3月、汪兆銘を首班とする南京国民政府を樹立した。だが、この政府には日本との和平を主導する力はなく、工作は自然消滅した。

この工作自体が、コミンテルンの支持を受けた尾崎秀実《ほつみ》らによる和解工作を潰すための謀略であったとの見方もある。内務省警保局や拓務省管理局で勤務し、戦前に2期、戦後に3期の衆議院議員を務めた三田村武夫は、尾崎が「近衛第三声明」の実施に関与し、汪兆銘工作を背後で操ったと主張している。尾崎は、「日本と蔣介石が和解することは望ましくない。日本が英米と徹底的に戦うことが望ましい」と考えており、汪兆銘樹立工作は日中和平工作とは正反対で、コミンテルンの支援を受けた尾崎が主導した「敗戦革命」であったと断じている。

一方、今井大佐（1939年3月昇任）は、1939年11月から「桐工作」を主導し、蔣介石との直接交渉による和平を模索したが、これは汪兆銘政権の立場を弱めるものであった。この桐工作は重慶側の謀略であった可能性があり、機密保持のため外務省は排除された。こうして、外務省が関与する汪政権樹立工作と、陸・海軍のみが関与する桐工作という二重の対中和解工作が行われることとなった。

また、板垣征四郎陸相を中心に行われた有力指導者の呉佩孚の擁立工作も成果を上げることはなかった。さらに、小野寺信中佐は1938年に上海で小野寺機関を設立し、水面下で和平交渉を試みた。1939年5月、小野寺は蔣介石の親衛隊やスパイを活用し、板垣と国民党の呉開祖との直接会談を取り持ち、蔣介石との直接交渉による早期和平を目指したが、これも成功には至らなかった。

このように、陸軍の政治工作が軒並み失敗に終わった要因には、政治指導の不在や陸軍内部の派閥争いがあった。特に、小野寺による工作では、謀略課とロシア課との対立が顕著であった。支那通の影佐が謀略課長に就任したことで、謀略課は支那課の影響を受けることとなった。一方で、ロシア課は対ソ防衛のために日中の早期和平を望んでいた。

1938年6月に影佐が転出し、1939年3月にロシア課の臼井茂樹大佐が謀略課長に就任すると、ロシア課の影響が強まり、影佐の工作とは別の手段での工作に走ることとなった。このような派閥や人間関係の複雑さが、政治工作の失敗を招く一因となった。

◆日米民間交渉の頓挫

日本軍の北部仏領インドシナ進駐（1940年6月）と、日独伊三国同盟の締結（1940年9月）によって、アメリカは重慶国民政府への援助と太平洋艦隊の配備を強化した。このように日米両国間の対立が顕著になる中、1941年4月からワシントンで新任の駐米大使野村吉三郎とアメリカ国務長官ハルとの間で対立回避の日米交渉が開始された。

実は、この交渉に先立ち、民間の下工作（日米民間交渉）が行われていた。1940年11月、ウォルシュ神父とドラウト司教が来日し、彼らは政府、財界、軍部の各関係者と日米関係の改善策について意見を交換した。松岡洋右外相、武藤章軍務局長、岩畔豪雄軍事課長にも接触したとされる。

彼らは帰国後の1941年1月、ルーズヴェルト大統領とハル国務長官にその結果の報告書（「ウォルシュ覚書」）を提出した。日本側のホストとなったのは、産業組合中央金庫理事の井川忠雄（近衛の知り合い）であった。井川は2月下旬、近衛首相の密命により「外務省嘱託」として訪米し、非公式ルートでの交渉が開始された。

3月17日には「井川・ドラウト案」が作成され、これが政府間交渉へと移行する基盤となった。4月からは、民間交渉が政府間交渉へと移行し、新任の野村大使（1941年1月就任）が交渉担当に命じられた。野村は陸軍に対し、中国事情に詳しい人物を推薦派遣するよう要請し、陸軍は陸軍省軍事課長の岩畔大佐を選出した。岩畔は3月6日に出発し、ワシントンで野村の了解を得つつ、米側神父や井川とともに交渉にあたった。

4月16日の野村・ハル会談では、修正案すなわち「日米諒解案」が今後の「日米交渉」を進めるうえでの出発点とすることが合意された。「諒解案」は、日本の満州利権を承認し、石油、ゴムなどの南西太平洋の資源獲得を認め、ハワイで大統領と近衛との会談を提案する内容であった。三国同盟を形骸化するような条件も含まれていたが、日本の主張はほとんど通っていた。近衛ら日本政府側は「諒解案」を歓迎した。

しかし、1941年4月、ドイツ・イタリア・ソ連訪問から帰国した松岡外相は、対米交渉という重大案件が外交の主務者である自分抜きに進められたことに激怒し、この「諒解案」を破棄した。松岡の個人的な憤怒が千載一遇の和解の機会を逃したとの批判もある一方で、「諒解案」の提示はアメリカ側の対日戦争準備のための時間稼ぎの謀略だったとの見方も存在する。

第5節　太平洋戦争に向かわせる不穏な環境

◆海軍の不可解な動向——米内光政と山本五十六

戦後、陸軍が主導する日米決戦に日本海軍が常に反対していたという説が広まった。これが「海軍善玉論」である。その代表的な人物として総理大臣経験者の米内光政が挙げられる。しかし、実際には米内はトラウトマン工作に反対し、三国同盟の締結においては反対から賛成に翻意し、最終的には東條首相に隠れて真珠湾攻撃を準備し、艦艇を出撃させた。このような海軍の動きはまことに不可解に映る。

米内は、盧溝橋事件が発生した際に海相として不拡大方針を唱え、陸相の杉山元などに対するなだめ役を務めた。だが、盧溝橋事件から1か月余り後の1937年に発生した第二次上海事変では、海軍陸戦隊の増派を強硬に主張した。1938年1月の御前会議では、トラウトマン工作の打ち切りを迫った。

米内は陸軍への対抗心から、蔣介石を早期に屈服させられると考えて海軍陸戦隊を派遣した。しかし、予想に反して苦戦し多くの犠牲を払ったので、海軍が上海事変以前の条件でのトラウトマン工作に応じることを許さなかったのだろう。つまり、米英戦争反対派とされる米内も、国益よりも海軍の利益擁護や陸軍への対抗心で動いていた。米内を中心に米英戦争における各勢力の利害と戦略が複雑に絡み合っていたことが推察される。

次に、三国同盟に対する日本海軍の立場が反対から賛成に転じた経緯について考察してみる。

1938年夏から1939年夏にかけての日独伊三国防共協定の交渉（第一次交渉）において、海軍の主要指導者であった米内光政（海軍大臣）、山本五十六（海軍次官）、井上成美《しげよし》（軍務局長）は三国防共協定に強く反対していた。この背景には、当時の陸軍が「北進」政策を推進していたことがある。海軍はこれに対抗し、「南進」を主張していた。

一方、ワシントン海軍軍縮条約からの脱退後、南方資源へのアクセスと太平洋における影響力の強化が求められる中で、ソ連との関係を重視する「北守」政策が海軍にとって不可欠とされていた。米内は「北守」および「日ソ親善」の立場から、ソ連を刺激する恐れのある「日独防共協定」に反対していた。また、陸軍が主導する三国防共協定の強化に対抗する形で、山本も米内の意見に賛同した。当時の海軍は、陸軍の対ソ攻勢（北進）を阻止する意図で三国防共協定の強化に強く反対していた可能性がある。

しかし、１９４０年夏に第二次交渉が開始され、三国同盟が「南進」政策を進めるための枠組みとして再構築されると、海軍の立場も賛成に転じた。ドイツが欧州で攻勢を続ける中、日本国内では、ドイツとの提携を通じて仏印、蘭印、旧ドイツ領南洋群島などの問題を一挙に解決するという「南進」論が台頭していた。さらに、陸軍も「北進」から「南進」への政策転換を図り、日中戦争の解決を目指す方針へと移行した。これにより、海軍は伝統的な「北守南進」論との矛盾が解消され、三国同盟に反対する理由もなくなったのである。

このように、従来「海軍は英米との戦争を回避しようと努めたが、陸軍や一部の外務省からの圧力に屈した」とされてきた通説に対し、実際には海軍は陸軍の「北進」政策に対抗する意図で三国防共協定に反対し、このことが戦後になって「海軍良識派」による「英米決戦への反対」と誤解されるようになった可能性もある。

また、１９４０年3月に山本五十六連合艦隊司令長官が三国同盟締結に関する海軍首脳会談に参加するため上京した際、近衛首相と会見し、「三国同盟が避けられないならば、最初の半年から一年間は全力を尽くすが、その後二年、三年後には確信が持てなくなる。この同盟が成立した今、日米戦争を回避するため最大限の努力をお願いしたい」旨述べた（福留繁『海軍の反省』）。ここから、山本がどの程度まで対米戦争に反対していたのか。山本は海軍次官時代、部下の航空関係者に対して「航空装備が充実していれば、対米作戦は問題ない」と語っていたとも伝えられる。

他方で、真珠湾攻撃に関しては、「ソ連、または米英に負けることで日本が再生するという『敗戦革命』の考えを持っていた」という見解もある（新野哲也『日本はなぜ勝てる戦争に負けたのか』）。また、米内や山本といった親米派が共産主義の影響を受けていた、あるいは米内がソ連のスパイであったとの説も存在するが、これらを現代において検証することは難しい。

しかし、米内率いる〝海軍良識派〟が「海軍は米英海軍との戦いに耐えうる編成がなされていない」と主張しつつも真珠湾攻撃を決定したことには、釈然としないものがある。

◆陸軍内部の作戦畑と情報畑との軋轢

陸軍参謀本部や関東軍にはソ連軍を過小評価する傾向があったが、ロシア専門家の土居明夫は慎重な姿勢を崩さなかった。１９３４年にソ連から帰国した土居中佐は、ソ連軍の火力装備の優越性を強調したが、参謀本部から「恐ソ病患者」や「ソ連の提灯持ち」と揶揄された。

日ソ関係が緊張化する状況で１９３９年、モスクワ駐在武官の土居大佐はシベリア鉄道の状況を探りつつ、帰国途中で関東軍に立ち寄り、現状の戦力では太刀打ちできないと関東軍に警鐘を鳴らしたが、辻政信参謀はこれを無視し、逆に土居を叱責した。その後、土居の警告にもかかわらず、ノモンハン事件は実行された。

１９４１年、土居が参謀本部作戦課長、服部卓四郎中佐が同班長に就任していたが、服部は辻を作戦課に呼び寄せるよう提案。土居は断固反対したが、作戦部長田中新一少将は逆に土居を更迭し、服部を課長に昇任させ、辻中佐を班長に任命した。こうして田中、服部、辻のラインによる専横的な人事と作戦指導が行われ、服部と辻はガタルカナル作戦を指揮することとなり、この悪夢が再現されたとされる。

こうした背景には作戦畑と情報畑の軋轢もあった。当時、情報部ロシア課の野々山中佐がソ連軍の軍備充実を作戦部に正確に伝えようと尽力したが、作戦部からの評価は冷淡であった。情報畑出身の土居が作戦課長を務めたことに対して、作戦畑の人間は歓迎しなかったのであろう。

証言や自叙伝には自己正当化の傾向があるため慎重な解釈が求められるが、当時作戦課に在籍した井本熊雄中佐の回想によれば、土居は作戦課内で信頼を得ておらず、服部が課長に任命された背景には田中の意向があったとされる。

また、当時の関係者の評価では、辻は、信念を貫き、率直に意見を述べる姿勢で現場にも足を運び、兵士と接して信頼を得ていたとの見方がある。服部についても同僚からの評判は悪くない。彼が開戦に影響を与えたという説もあるが、実際には東條と田中が既に戦争を決意していたとの見解がある。

◆共産主義思想と敗戦革命論

１９３０年代、日本では共産主義思想が広がり、政府や軍内部にもその影響が及んでいたと考えられる。そのような状況下で、ゾルゲによる対日スパイ活動が展開された。協力者の尾崎秀実は１９３２年に上海から帰国して朝日新聞に勤務し、１９３４年に再会したゾルゲとともに謀略活動を開始した。尾崎は「東亜問題調査会」で陸軍要人と関係を築き、１９３７年には近衛文麿の側近グループである「昭和研究会」に参加した。衆議院議員の三田村武夫はこの研究会を「マルクス主義者の巣窟」と見なしている。

尾崎が所属した「支那問題研究会」の責任者は風見章であり、風見は１９３７年に近衛第一次内閣の書記官長に就任。その後、尾崎は研究会の責任者となり、風見との関係を深める一方、陸軍とも連携を強化していった。１９３８年には近衛内閣の嘱託として政府にも関わり、近衛主催の政治勉強会「朝飯会」にも参加。風見は信濃毎日新聞の記者として労働運動を取材し、共産主義に共鳴していたため、尾崎を重用したとされる。こうして尾崎は近衛のブレーンとして助言を行い、影響力を持つに至った。

１９４３年４月、三田村が近衛を訪ねた際、近衛は「この戦争は必ず負ける。敗戦後には共産革命が来る」と語り、さらに「すべてが自分の意図と逆になり、何か見えない力に操られていた気がする」と述懐した（三田村『大東亜戦争とスターリン』）。

近衛は１９４５年に天皇に提出した上奏文で、日本が共産革命に向かっていることや、軍部内に左翼思想が浸透し、国体擁護と共産主義の両立を信じる勢力があることを訴えた。満州事変以降の軍部の動きも意図的な計画に基づくものだと述べた。

三田村によれば、近衛が感じた「見えない力」とはソ連のコミンテルンを指し、コミンテルンに支援された日本共産党が軍部を全面戦争に誘導し、国力を消耗させ、敗戦による共産主義革命を狙ったという。

近衛は日中戦争を本格化させ、大東亜戦争へと導いた責任者であるため、彼が共産主義者であり、敗戦革命を目指して戦争を拡大したとの見方もある。だが三田村は、敗戦革命の中心人物が尾崎だと断じる。彼によれば、尾崎は１９２５年頃から共産主義に傾倒し、上海でコミンテルンの影響を受けて革命思想を深めた。コミンテルンが１９２８年に採択した「帝国主義戦争を敗戦革命へ」というテーゼが尾崎の思想形成に影響を与えたと述べる。

当時、日本共産党は天皇制廃止を掲げ、非合法活動を展開していたが、弾圧により行き詰まっていた。コミンテルンのテーゼは尾崎らに影響を与え、日本共産党は武装闘争からソフト路線に転換。軍内の反ブルジョア的傾向を利用し、天皇制を表面上容認しつつ内部で反政府の気運を高める戦略を取った。この戦略は五・一五事件や二・二六事件にも影響を与えたとされるが、これを共産主義者の策謀と単純に結びつけるのはいささか一面的であろう。

第7章

国際情報戦の渦

——諸外国の戦略と日本の対応

図11　大東亜戦争に至る経緯

1937年	7月	盧溝橋事件
	8月	第二次上海事変
	9月	第二次国共合作
	12月	日本軍が首都・南京を占領
38年	1月	「第一次近衛声明」発表（蔣介石との和解交渉断念）
	3月	国家総動員法の制定
	7月	張鼓峰事件（日ソ軍事衝突）
		後方勤務要員養成所（中野学校）が開所
	12月	日本軍が重慶爆撃
39年	5月	ノモンハン事件
	8月	独ソ不可侵条約締結／平沼内閣総辞職
	9月	ドイツ軍とソ連軍がポーランド侵攻、第二次世界大戦開始
40年	3月	日本共産党の野坂参三が延安で反日活動開始
	6月	日本軍が北部仏印進駐
	9月	日独伊三国同盟を締結
41年	4月	日米交渉開始（3月から民間交渉が開始）
		日ソ中立条約締結
	5月	ソ連が米国に「雪作戦」（日米決戦の間接関与？）
	6月	独ソ戦開始
	7月	日本軍が南部仏印進駐
		米国が「ABCD包囲網」による対日石油禁輸
	8月	米英が大西洋憲章を発表
		日米交渉失敗
	10月	東條英機内閣が成立
	12月	真珠湾攻撃、太平洋戦争開戦

第1節　中国の外交戦・情報戦――国民党と共産党

◆国民党の謀略、宣伝戦

満州事変から日中戦争へと進む中で、最初に蔣介石が展開した情報戦について見ていこう。

第一次国共戦（1924年）により、多数の共産党員が国民党に浸透したが、蔣介石は1926年の北伐開始とともに、陳果夫《ちんかふ》を国民党中央組織部に登用し、共産党員の締め出しを命じた。その一環として1927年に上海クーデターが発生し、蔣介石を支援するために陳果夫と弟の陳立夫《ちんりつふ》が「中央倶楽部」を結成、反蔣介石派と共産党員を排除する活動を展開した。この組織は共産党から「CC団」として恐れられた。

満州事変以降、蔣介石は共産党の掃討を指示し、南京に「特務工作総部」を設立、共産党員の弾圧を強化した。また、軍事委員会系列の情報機関を強化し、1932年には特務処や調査統計局を設立。さらに、1938年には中央調査統計局（中統）と軍事委員会弁公庁調査統計局（軍統）が設立され、抗日テロ活動を展開した。

宣伝戦も国民党による対日情報戦の重要な一環であった。柳条湖事件直後から抗日宣伝を開始し、「九月十八日は屈辱の日」との標語や「田中上奏文」を活用して日本の「侵略計画」を非難した。この〝偽文書〟は中国全土で撒布され、国民党の対日宣伝を強化した。

また、1937年の第二次上海事変では、国際連盟総会で日本の渡洋爆撃が非難されたが、その背景には、国民党による外国メディアへの働きかけがあった。蔣介石夫人の宋美齢《そうびれい》は、対米放送を通じて日本軍の空爆被害を誇張し、アメリカ国内での反日感情を煽った。流暢な英語を駆使する彼女の宣伝放送、アメリカの対日牽制政策とも連動しており、ニューヨークタイムズにも報道された。

また、国民党宣伝処は第三国ライターを装った著書の刊行や、英紙「マンチェスター・ガーディアン」の記者ハロルド・ティンパーリーを顧問に採用し、日本軍の南京占領に関する「暴虐」を広める活動を展開した。なお、この活動は東京裁判にも影響を与えた。

◆中国共産党の情報組織と宣伝、謀略戦

中国共産党は1921年の結成直後から、組織防諜機関の設立に着手した。1927年には中共中央特別特科（中央特科）が設立され、周恩来を最高責任者に、ソ連で防諜を学んだ陳賡《ちんこう》らが中心となって活動を開始した。武装蜂起に失敗した共産党は江西省井岡山に拠点を移したが、上海などの都市では国民党要人の暗殺や不審な事件が頻発した。これらの事件には共産党の中央特科が関与していたとされている。

その後、共産党は蔣介石の共産党粛清（囲剿）に対抗し、防諜組織を強化。1931年には中央政治保衛処を設立し、1934年の長征に際しては政治保衛局を設置し、延安移駐後には

中央社会部を設立した。中央社会部は、康生《こうせい》が中心となり、日本および国民党に対する情報戦を総指揮した。

中国共産党は、国民党中央宣伝処を凌ぐ宣伝戦を展開した。毛沢東は1935年の「八一宣言」で、日本が中国滅亡計画を進行中であると国際的に宣伝した。この宣伝戦では著名な作家郭沫若《かくまつじゃく》が重要な役割を果たした。郭は国民党に参加していたが、蒋介石と対立し、1928年に日本に亡命していた。だが、1937年に盧溝橋事件が起こると日本人の妻らを残して帰国し、国民政府に参加した。郭の帰国には駐日中国大使館の王梵生が協力した。王は国民党政府の身分を持ちながらも、隠れ共産党員として活動していたのである。

1938年11月、日本軍が南京への総攻撃を準備している最中、蒋介石は南京から重慶に遷都した。その後、日本軍による重慶への爆撃が開始され、日本は国民政府軍の情報収集に力を入れた。この際、上海に外務省の出先機関「岩井公館」が設立され、袁殊《えんしゅ》が潜入していた。共産党は中央社会部の副部長・潘漢年《はんかんねん》を派遣し、袁殊を介して岩井と面会した。潘は高額な報酬を受け取りながら、国民党軍の軍事情報を日本側に提供し続け、共産党は国共合作を通じて得た情報を日本に渡した。

また、潘漢年は汪兆銘政権樹立の工作にも関与した。影佐貞昭が1939年に汪政権を樹立し、その軍事顧問に就任したが、潘は毛沢東の指令で汪政権の指導者と接触し、蒋介石政権打倒に協力することを約束した。これは、日本が南進することで蒋介石政権が再興するのを警戒した毛沢東の判断によるものであった。

このように、中国共産党は日本軍と国民党軍の対立を煽り、自らの勢力を拡大する謀略を駆使した。毛沢東が「日本軍が中国に進攻してきたことに感謝する」と語った背景には、これらの謀略の成功があったのだろうと考えられる。共産党は蔣介石軍と日本軍を「二虎競食」させ、党の勢力を拡大することを企図していたのである。

◆日本人協力を利用した統一戦線工作

１９３８年11月、毛沢東は「中国人、日本人、朝鮮人、台湾人の統一戦線を設立し、日本の軍国主義に対する共通の闘争を行う」との方針を決議した。この方針は、八路軍総政治部隷下の敵軍工作部に伝えられ、日本兵捕虜を友人として扱い、彼らを反戦陣営に転向させるよう仕向けることが指示された。

日本兵捕虜の扱いに関する基本方針は、「日本兵は虐げられた大衆の子弟であり、日本の軍閥や財閥に騙され、強制されて我々に銃を向けているのである。したがって、いかなる殺傷ないし侮辱を行ってはならず、人道的に扱う」というものである。こうして人道的に扱われた捕虜の中から、自発的に反日組織が各地で誕生することとなった。これは、「少数の軍国主義者と大多数の日本人民を区別せよ」とする「二分法」という戦術であり、ソ連共産党が中国共産党に伝授した「統一戦線」理論に基づくものである。

この「統一戦線」工作は、コミンテルンの影響を受けた毛沢東が、中国の実情に合わせて洗練させた戦術である。また、日本共産党との連携も図られており、その中心人物が、後に日本共産党議長となる野坂参三である。1940年3月にモスクワから延安に移った野坂は、毛沢東と合流し、1944年4月には日本人による初の反戦組織「日本人民解放連盟」を結成している。この連盟は、兵士向けの反戦宣伝ビラの作成・配布や心理戦の研究・教育などを行った。

共産党の敵軍工作部は、活字を読めない大衆や、日本軍占領地域でのビラ配布活動を弾圧する日本軍に対しては、ラジオ放送を重視した。1941年12月、中国共産党は延安にラジオ局を設立し、ここで日本人女性などが雇用され、野坂の指導の下で日本語での反戦宣伝放送が行われた。

中国共産党は、国民党に日本軍との武力闘争を任せ、自らは日本軍を内部から崩壊させる宣伝や謀略に専念した。この「戦わずして勝つ」という共産党の戦略が、軍事力の温存を可能にし、1945年以降の国共内戦における勝利につながるのである。

第2節　アメリカの外交戦・情報戦——対日工作と暗号解読

◆太平洋戦争前の対日情報体制——OCIとOSSの設立

アメリカにおける国家情報機関の起源は、1941年7月に設立された情報調査局（OCI）に遡る。OCIの初代局長には、元陸軍将校であり、当時ニューヨークの弁護士で政治家であったウィリアム・J・ドノヴァンが任命された。OCIの設立には、ドノヴァンだけでなく、劇作家・映画脚本家であり、ルーズヴェルト大統領のスピーチライターを務めたロバート・シャーウッドも関与していた。

OCIの設立に伴い、対外情報サービス（FIS）が運用を開始し、その中で国際ラジオ放送「VOA」（ボイス・オブ・アメリカ）が運営された。FISの宣伝放送はシャーウッドが指揮し、戦時のホワイトプロパガンダがここから開始された。

一方、ドノヴァンが率いる秘密作戦部門は、1942年6月に戦略情報局（OSS）へと発展し、ドノヴァンが初代長官に就任した。OSSの任務は、戦略情報の収集および分析から、ブラックプロパガンダや秘密工作にまで広がり、戦後には中央情報局（CIA）へと発展した。

このように、アメリカの国家情報機関は、大東亜戦争が開始されるまでほぼ未開拓の分野であり、特に日本に関する誤認識が数多く存在していた。アメリカが「自国の優れた軍事、経済、工業力が日本の攻撃を抑止するだろう。日本はアメリカとの戦いに勝利できないから攻撃はない」と判断したのは、まだ良い方であった。戦前には「日本人はジャングルに生まれ、猿のように木の上に住んでいるため、ジャングル戦に強い」「日本人の9割は眼鏡をかけている。集団では戦えるが一人では戦えないため、眼鏡を割ればよい」「日本軍の飛行機は紙や木でできているため、火をつければよい」などのナンセンスなことが教えられていたようだ（ＮＨＫ取材班『敵を知らず己を知らず』）。

通信傍受と暗号解読は、第一次世界大戦後に発展し、その後も進化を遂げた。ワシントン会議で日本の外交暗号を傍受したＭＩ８は閉鎖されたが、１９３０年にはウィリアム・Ｆ・フリードマンを中心に陸軍通信諜報部が組織され、日本およびドイツの通信傍受と暗号解読が行われた。日本の外交暗号は「パープル」と呼ばれ、その解読文は「マジック」と称された。

日本政府の主要な外交文書は、ほぼ解読されており、在ベルリン大使館と東京の外務省との間の通信も傍受・解読された。１９３６年の日独防共協定、１９３７年の日独伊防共協定、１９４０年の三国軍事同盟の締結などの過程は、ほぼリアルタイムで把握されていたとされる。

さらに、米海軍通信諜報部は、１９３６年頃に設置され、日本の海軍暗号の傍受・解読を行った。米海軍は１９３９年６月に日本海軍が「五数字暗号」に変更したことを突き止め、１９４０年10月にはその解読に成功していたとされる。このため、アメリカ政府が暗号解読によって真珠湾攻撃を事前に知っていたという見解がある（ロバート・Ｂ・スティネット『真珠湾の真実』）。

しかし、「五数字暗号」の使用開始や解読が可能となった時期については、現在に至るまでアメリカ国内でも日米間でも共通の見解が得られていない。それでも、米海軍通信諜報部は開戦後に勢力を増強し、ミッドウェー作戦での日本海軍の動向を事前に探知していたことは確実であるとされる。

◆日米民間交渉の真実

既述の通り、井川、岩畔がウォルシュ、ドラウトという二人の密使との間で行った日米民間交渉はアメリカが仕掛けた謀略であったとの見方がある。

謀略説の根拠はいくつかあるが、その一つはアメリカ側の二人の密使の素性が怪しいことである。彼らは最近の公開情報では英ＭＩ６などの情報機関の影響を受けていたようである。当時、中国大陸では、アメリカの宗教家が布教を装い諜報、宣伝活動を行っていたことが定説となっているので、彼らが秘密工作員であった可能性は否定できない。

次に「日米諒解案」は英文原本とは著しく違っており（そもそも原本がないという説もある）、このことが松岡の疑心暗鬼を生んだ。そこで松岡は１９４１年5月、アメリカに向けて独自の強硬な日米中立条約を提案した。

以後、日米交渉は続くものの成果はなく、6月21日（外務省には6月24日到達）に、野村はハルから、ヒトラーを支持している松岡を日米交渉から外せとの趣旨の口上書を渡された。

日本は日独伊三国同盟と日ソ中立条約の狭間にあったが、７月16日、近衛が松岡を外相から外すために総辞職し、翌日に第三次近衛内閣が成立した。

日米交渉はなんとか開戦間際まで継続されたが、当時、参謀本部でのアメリカ担当者であり、この事務の推移を承知する立場にあった杉田一次は「日米交渉間も棚橋工作なるものが続けられていた。神父等による日米交渉も米側の謀略であった可能性があるかも知れない（真相は不明）」と語っている。

棚橋工作は１９３９年秋に始まったもので、杉田は次のように述べている。

「参謀本部総務部の棚橋茂雄大尉が大阪商人西川末吉と協力し、アメリカから20億ドル（最終的には3億ドル）の借款を得るための工作を行った。ターゲットはロサンゼルスの社長で、アメリカから大量の必需品を輸入しようとした開戦間近まで謀略工作は続けられた。欧米課、特に米英班は『実現の可能性が全くなく、ただ日本の弱みをアメリカに知らしめるだけ』と反対したが、アメリカは表と裏が異なるとして続行された。結果として、通信費を含めて百万を浪費した。年末にアメリカに新しい駐米大使館付武官が赴任する際、筆者は現地の実情を調査し強く反対意見を提出するよう進言したが、反対意見は上申されなかった。この工作はＣＩＡ（筆者注：当時ＣＩＡ未設立であるためＦＢＩか）によるものではないかと思われる」（杉田『情報なき作戦指導』を筆者が要約）

日米民間交渉の真偽はさておくとしても、当時は敵国たるアメリカの認識不足から、無意味な工作が行われていた可能性はある。

◆真珠湾攻撃はアメリカの策略?

1941年12月7日の大東亜戦争の口火となった真珠湾攻撃は、日本の開戦通告が攻撃開始後の40分後に行われたことから、ルーズヴェルト大統領率いるアメリカ政府は、日本軍の「卑怯なだまし討ち」と喧伝し、「リメンバー・パール・ハーバー」をスローガンに開戦の気運を煽った。

しかし、ルーズヴェルト大統領はすでに蔣介石軍を支援し、日本に対して厳しい経済制裁を発動するなど、対日決戦の意思を固めていたと見る向きが多い。要するに、日本にとってアメリカによる対日経済制裁は「のど元をつかまれた」形となり、日本が真珠湾攻撃を決意したというのが歴史の大きな流れである。

大東亜戦争に至るまでの経緯には、陰謀論レベルのものも含めて、さまざまな対日秘密工作説が取り沙汰されている。代表的なものには、ルーズヴェルト大統領が日本軍による真珠湾攻撃を事前に承知しながら、国内の開戦気運を盛り上げるために日本に先制攻撃を行わせたという説がある。これに関しては、すでに多くの歴史家による検証が行われているほか、ルーズヴェルト大統領の前任者であるハーバート・フーヴァー大統領の『裏切られた自由』などの刊行物も存在するため、ここでは詳述しない。

特に最近では、1995年に公開された「ヴェノナ文書」により、ルーズヴェルト政権内に相当数の共産主義シンパやソ連のスパイが浸透しており、日本が開戦を決断した「ハル・ノート」の背後にもソ連のスパイが存在したとされる。この点については後ほど、ソ連のスパイ戦に関する項で述べたい。

第3節　イギリスの外交戦・情報戦――アメリカの対日参戦工作

◆対日情報戦の成果と課題

1939年に欧州大戦が勃発した時、イギリスにはMI5、MI6、陸軍情報部、海軍情報部の四つの情報組織が存在し、いずれも首相の直轄であった。第二次世界大戦の初期、イギリスはウィンストン・チャーチル首相の指揮のもと、ドイツに対して積極的かつ果敢な秘密工作を行い、成果を挙げた。

一方、対日情報戦については、1920年代に日英同盟が破棄されて以降、次第に強化された。1930年代には、日本の暗号通信をほぼ完璧に解読し、この情報に基づいて大規模な対日工作を実施。これにより、日本海軍内の分裂を引き起こし、ロンドン海軍軍縮条約の締結に成功した（中西輝政『情報亡国の危機』）。

イギリスは外交暗号の傍受・解読を行い、日独伊三国防共協定に関する交渉内容を把握した。この情報はイギリスの対日政策に重要な影響を与えた（小谷賢『イギリスの情報外交』）。しかし、極東におけるイギリスのヒューミント（人的諜報）活動はあまり成功せず、特に上海に設置されたＭＩ6極東支部や陸軍情報部、海軍情報部の活動は芳しくなかった。

また、イギリスは１９３０年代に日本国内でスパイ活動を行ったが、厳しい監視により成果は限定的だった。１９４０年7月のコックス事件では、憲兵隊によってイギリスの組織的な対日諜報活動が発覚。これにより、国民の防諜思想が喚起され、反英・防諜思想の普及が進んだ。

イギリスの情報分析には人種的偏見が含まれ、日本の工業力やゼロ戦の能力を過小評価するなどの誤判断が見られた（ＮＨＫ取材班『敵を知らず 己を知らず』）。これが大東亜戦争初期にシンガポール攻略を早期に許す要因となったとされる。

◆最大の成果は対米参戦工作の成功

イギリスの対日工作の中で最も影響力が大きかったのは、アメリカを対日戦争に導いたことだ。これはイギリスにとって第一の目標とまではいえないが、アメリカを欧州のドイツ戦線に引き入れるためには、まずアメリカを対日戦争に参戦させる必要があった。

１９４０年5月、チャーチルが首相に就任し、ＭＩ6のアメリカ支部であるＢＳＣ（イギリス安全保障調整局）が設立され、ウィリアム・スティーヴンソンがその長となった。ＢＳＣの目的は、アメリカを戦争に引き込むことであった。当時、ルーズヴェルト大統領は三選を狙っており、アメリカ国民の世論に迎合して戦争には参加しないと公約していたが、イギリスはアメリカを参戦させるための工作を進めた。

一方、ヨーロッパではドイツの電撃戦が続き、フランスは侵略され、バトル・オブ・ブリテンの脅威が高まっていた。イギリスは日本の南進政策に直面し、1940年6月に日本から、蔣介石支援の停止、香港国境の閉鎖、上海からの英軍部隊（守備隊）の撤退の三つの要求を受けた。

イギリスはアメリカに救いの手を求めたが、ハル国務長官からの回答は「私はどのようなアドバイスもする立場にない」と冷淡なものであった。そこでイギリスは、蔣介石支援の3か月停止、上海駐留の英軍部隊の撤退を決め、数か月の時間を稼ぎ、11月の米大統領選の帰趨を待つ戦術に出た。

同年9月、日本は北部仏印に進駐し、日独伊三国同盟が締結された。アメリカは対日経済制裁を行ったが、イギリスは日本との戦争を避けるため、経済制裁には控えめであった。

1941年2月、東南アジアでの日英戦争の可能性が報じられ、イギリスはアメリカに対して極東での戦略協力の必要性を訴えたが、アメリカは消極的な反応を示した。イギリスはこの状況に対して宣伝戦を展開し、危機を煽る一方で、英米の協力を強調することで日本を牽制した。

イギリスは粘り強くアメリカを参戦させる努力を続け、1941年3月の武器貸与法の成立、7月のアイスランドおよびグリーンランドへの進駐、そして8月の大西洋憲章の発表により、アメリカの参戦への道筋を整えた。

イギリスの対日工作は、日本の軍事力や意図を正確に把握するという点では拙劣であったが、戦略的な宣伝戦や政治工作により、アメリカの参戦を促し、最終的に日本を孤立させる結果につながった。イギリスは情報戦やプロパガンダ戦術に長けており、大局的な視点から情勢を判断する能力に優れていた。

◆日米民間交渉を妨害か

1941年3月からワシントンで始まった日米民間交渉は、アメリカの謀略の影響を受けた可能性があり、最終的には不本意な結末を迎えた。イギリスは、交渉が日英戦争の勃発を回避できると判断し、中立の立場を取ることにした。

日中戦争に関する英米の思惑は異なっていた。イギリスは、日本の南進を防ぐためには日中戦争を継続させるべきだと考えていた。一方でアメリカは中国問題の解決のために、日本が中国大陸から撤退すべきだと考えていた。だから、イギリスは日米民間交渉に直接関与せず、しかし自国に不利な妥協が成立しないよう、アメリカに対してさまざまな水面下での干渉を行った。

例えば、日米間で作成された了解案に対して、松岡外相が激怒し、より過激な対抗案をワシントンの野村大使に送信したことは先に述べた。この情報を傍受したイギリスは、アメリカ側にその内容を伝えてアメリカの対日警戒感を煽り、アメリカを対日戦争に引き込むための布石を打った。

１９４１年6月22日に独ソ戦が勃発すると、日本の対ソ連政策は破綻し、日本が北進してソ連と戦うのか、南進して英蘭のアジア植民地を狙うのかがイギリスの情勢判断の焦点となった。その後、日本政府は南進を具体化し、イギリスは通信傍受を通じて日本の意思決定を逐次把握し、アメリカに通報して共に戦略的な協力を呼びかけた。また、デイリー・テレグラフ紙に日本の南進に関する情報を漏らし、アメリカの世論に対して日本の危険性を強調した。

9月に日本が南部仏印に進駐すると、米英の反応は予想をはるかに超えた厳しいものとなり、アメリカは即座に対日資産凍結を発令し、翌日にはイギリスもこれに従った。イギリス政府は、マスコミを通じたプロパガンダにも抜かりがなく、アメリカのタイムズ紙は「アメリカは必要ならば武力を行使する用意ができている」と報じ、日本を牽制した。

このように、イギリスは宣伝戦と外交戦を駆使してアメリカを対日参戦に導くための影響力を行使した。イギリスの情報収集や宣伝戦術は、アメリカを戦争に巻き込む上で重要な役割を果たしたのである。

第4節　ソ連の外交戦・情報戦――コミンテルンの工作活動

◆ソ連の共産主義輸出とスターリンの秘密機関

1919年3月、ソ連共産党は国際的な共産主義運動を指導する共産主義インターナショナル、すなわちコミンテルンを結成し、これが世界革命を指導する司令塔となった。

1921年のコミンテルン第3回大会では、社会民主主義政党や労働組合の下部労働者を、共産党との共同闘争に引き入れる「統一戦線」が論議され、翌年の第4回大会で統一戦線が方針化された。こうして統一戦線は革命理論として確立された。だが、革命の進展は思わしくなく、「世界革命近し」という認識から、やがて「革命情勢の成熟には長い時間が必要だ」との認識に変わっていった。

1935年7月から8月にかけてモスクワで開催されたコミンテルン第7回大会では、共産主義化の目標を主に日本、ドイツ、ポーランドにおき、これらの国々の打倒には英、仏、米の資本主義国と提携して各個撃破する戦略を用いることが決定された。また、日本の共産主義化のために中国を利用する方針も採択された。コミンテルンは「反ファシズム人民統一戦線を結成すべきである」という人民戦線戦術を打ち出し、この方針に基づいてフランスやスペインに人民戦線が結成され、中国共産党もこの路線を取り入れた。このコミンテルンの動きを警戒した日独は、1936年11月に日独防共協定を締結した。

スターリンは、対外諜報機関として赤軍情報部、国内防諜および保安機関としてレーニンが作った秘密警察組織チェーカーの流れを組む内務人民委員部（NKVD）を運用した。ソ連軍の前身である赤軍の情報部はトロツキーによって組織されたが、スターリンがトロツキーを粛清した後、この情報部門はスターリンの対外秘密工作を担当する重要な機関となった。トレッペルやゾルゲといった優れたスパイが赤軍情報部に運用され、ナチスドイツ占領下のヨーロッパで重要な情報をソ連に送り続けた。

1934年に創設されたNKVDは秘密警察としての機能と強制収容所の運営を兼務し、スターリンによる大粛清を執行する機関となった。NKVDの主要な粛清対象である赤軍の情報部門にも粛清の嵐が吹き荒れたが、スターリンの猜疑心と内部者の密告によって次々とNKVD長官も粛清された。その後、NKVDは1945年に国家保安省（MGB）に改組され、さらにKGBへと発展していった。

ソ連はスターリンの一元的統制下で国内防諜、治安機関及び対外諜報機関を運用し、自己の権力を固め、党組織および国家の発展を目指した。スターリンの謀略の成功を支えたのは、厳格な一元的統制と、裏切者を出さないという容赦ない弾圧であった。これは、陸軍、海軍、外務省が対立して各自の思惑で謀略を仕掛けた日本とはまったく異なる様相を呈していた。

◆ゾルゲと尾崎の対日情報戦

リヒャルト・ゾルゲは１９３３年にナチス党員として来日し、フランクフルター・ツァイトゥング紙の東京特派員を務め、上海で知り合った大阪朝日新聞の記者、尾崎秀実を協力者に引き入れ、諜報網を築いた。

１９３４年に日本でゾルゲと再会した後、尾崎は大胆な諜報活動を開始する。先述したように彼は東京朝日新聞に移り、「東亜問題調査会」で陸軍要人との関係を築き、１９３７年には「昭和研究会」に参加して近衛文麿のブレーンとなり、中国問題に関する助言を行った。

盧溝橋事件後、尾崎は日中戦争の拡大を煽る記事を次々と寄稿した。１９３８年の月刊誌『改造』５月号では、「戦に感傷は禁物である。目前日本国民が与へられてゐる唯一の道は戦に勝つといふことだけである。その他に絶対に行く道はないといふことは間違ひの無いことである。『前進！ 前進！』その声は絶えず叫び続けられねばなるまい」と記している。

また、彼は軍と政府に漢口攻略を決意させるため、「昭和研究会」の名で意見書を提出させようとした。この動きが近衛首相を中国との泥沼の戦争に引きずり込み、結果的に独ソ戦争を戦うソ連を救うことにつながったとされている。

ゾルゲは尾崎を通じて日本の政治・軍事情報を収集し、駐日ドイツ大使館にも出入りしていた。彼は１９３９年頃にはドイツの公文書を自由に閲覧できる立場にあり、１９４１年にはドイツのソ連侵攻計画をモスクワに伝えたが、スターリンは当初これを無視した。その結果、独ソ不可侵条約を希望的に信じていたソ連軍は、ドイツ軍の不意の攻撃（バルバロッサ作戦）を受けた。この苦い教訓から、スターリンは逆にゾルゲを深く信頼するようになった。

ゾルゲは尾崎がもたらす日本が対米開戦を決心する情報をスターリンに送り、スターリンは松岡外相をモスクワに迎えて日ソ中立条約を結んだ。

日本軍の南進を決定した近衛内閣の「帝国国策要綱」の情報もいち早くモスクワに伝わり、スターリンはシベリアのソ連軍を引き上げて、ドイツ軍からモスクワを防衛することができたのである。

◆ソ連がアメリカに仕掛けた対日参戦

日本が対米戦争を決定する契機となった「ハル・ノート」の背後には、スターリンの謀略の影が見え隠れしている。ハル・ノートの作成には、財務省次官ハリー・デクスター・ホワイトが関与していた。ホワイトは1995年に公開された「ヴェノナ文書」によれば、ソ連のスパイであったとされている。ホワイトは「ハル・ノート」の原案作成に関与し、ソ連情報機関による接触があったことが、NHKによる取材（1997年9月）で明らかにされている。

ホワイトに接触したソ連諜報員は、NKGB（NKVDの後継組織）に所属する在米責任者イスハーク・アフメロフとアメリカ部副部長のピターリ・パブロフであった。アフメロフの仲介で、1941年5月にパブロフがホワイトに接触し、一枚のメモを手渡した。この工作は「スノウ（雪）作戦」と呼ばれた。

須藤眞志氏は『ハル・ノートを書いた男』で、NHK取材へのパブロフの発言や「モーゲンソー案」と「国務省基礎案」及び「ハル・ノート（国務省最終案）」との内容比較から、「雪」作戦を通じたソ連の秘密工作説には根拠がないと結論付けている。須藤氏の分析に異論を唱えるわけではないが、当時のソ連の情報工作は「雪」作戦だけではなく、ゾルゲの工作なども含まれていた。

歴史を遡ると、真珠湾攻撃以前にアメリカによる日本空爆の計画も存在していた。これは350機のカーチス戦闘機と150機のロッキード・ハドソン爆撃機を使用し、木造住宅の多い日本民家に効果的な焼夷弾を使用するものであった。この計画は、米軍の最新鋭戦闘機とパイロット約100名、地上要員約200名の「フライング・タイガー」と呼ばれる部隊によって進められたが、欧州戦線への爆撃投入を優先したため、実施は遅れ、真珠湾攻撃が先行した。

空爆計画の推進者はロークリン・カリーであり、彼はカナダ生まれの経済学者で、1939年から1945年までルーズヴェルト大統領の補佐官（経済担当）を務めた。カリーも「ヴェノナ文書」によって共産主義者であり、ソ連のスパイであったことが判明している。

当時のソ連はドイツと日本からの二正面作戦を警戒しており、独ソ戦争を有利に進めるためには、日米開戦を画策して日本を南進させ、日中戦争を泥沼化させる必要があった。「ヴェノナ文書」などの公式記録が、ルーズヴェルト政権内に広範囲かつ高層まで浸透していたソ連スパイ網の存在を示している以上、ソ連による対日情報戦の存在を完全に排除することはできない。

日本と英米の戦争の背後に第三国であるソ連が介在していたという事実は、日本の内務省警保局や外務省によって、「米国共産党調書」などの報告書にまとめられた。だが、その調査・分析を、戦前の日本政府と軍首脳は十分に生かせなかった。日本はソ連との不可侵条約を過信し、大東亜戦争による和解の仲介をソ連に依頼しようとしたのである。

第8章 無謀な戦争への転落と敗北

——情報戦の失敗とその理由

◆無謀な大東亜戦争をなぜ選択したのか

対米英戦争の開戦当初、日本軍は真珠湾攻撃、マニラ侵攻、シンガポール陥落など連戦連勝を収め、瞬く間にアジア太平洋地域での支配権を拡大した。しかし、1942（昭和17）年6月のミッドウェー海戦では、空母4隻を含む膨大な戦力を喪失し、戦局の流れが劇的に変わる。以降、日本軍は攻勢を維持できず、防勢に転じざるを得なくなった。さらに、ガダルカナル島での消耗戦では補給の途絶と戦力差により多くの犠牲を強いられ、戦局の悪化が加速した。

ミッドウェーやガダルカナルでの敗北は、戦術的なミスや情報戦の失敗としばしば指摘されるが、戦争の大局を見れば、根本にあるのは「物量の差」であった。圧倒的な生産力と資源力を誇るアメリカとの戦いにおいて、日本は数や資源で対抗する術を持たなかった。たとえ情報が正確であったとしても、また戦場で一時的な勝利を収めたとしても、総力戦の原則からして敗北は避けられなかったといえるだろう。

とは言え、日本に情報戦の失敗があったことも事実である。本章では、日中戦争以来の大東亜戦争における情報戦の教訓を再検証し、特に日本が「戦略的に避けるべき戦争」に突入した背景を明らかにする。

まず、戦争の根底に存在する国際関係における国益争奪戦の敗北が、日本の戦争選択に及ぼした影響について言及し、続いて諸外国との情報戦に敗北したことが、日本の戦略的誤りを際立たせた経緯を分析する。さらに、これらの要因が絡み合い、精神主義や情報軽視といった本質的・根本的要因が戦争の決定にどのように影響を与えたのかを掘り下げる。

次に、情報戦における組織や人事の問題、さらに情報と作戦との連携不足といった機能的側面を論じる。これらのアプローチにより、次章で現代への示唆を引き出すための基盤を提供したい。

第１節　大東亜戦争の本質的・根本的要因

◆国益獲得競争の敗北――アメリカの圧力に対抗した日本

大東亜戦争における日本の敗因は、『孫子』の「算多きは勝ち、算少なきは勝たず」を体現できなかったことにある。戦争の勝敗には、戦力比較と勝算の計算が不可欠であり、見込みがなければ戦わないという決断が求められる。

例えば、日清戦争では川上操六参謀本部次長が清国と朝鮮を事前視察し、勝利の確信を得て戦略的優位を確保したことが日本の勝因につながった。日露戦争でも短期決戦を想定して戦力を集中し、停戦交渉の計画を進めることで、辛くも勝利を得たといえる。

しかし、日米戦争では、日本は戦略的に劣位にありながらも「ドイツがイギリスを屈服させればアメリカも戦意を失う」という希望的観測で開戦に踏み切った。

『孫子』が説く「戦わずして勝つ」とは単に戦争回避を意味するのではなく、不敗の戦略を築き、諜報と謀略で戦闘の効果を最大化することが重要である。

ただ、絶対的な物量差の前では情報戦や戦略的優位だけで覆せない現実も存在する。これは1940年に山本五十六連合艦隊司令長官が「半年から1年は全力を尽くすが、その後は厳しい」と発言し、総力戦研究所が「日本の国力は戦争に耐えられない」と結論づけたことからも、日本は長期戦の不利を自覚していたことが窺える。

こうした判断やインテリジェンスの警告を軽視して短期決戦や先制攻撃に賭けた結果、日本は物量戦で敗北を余儀なくされた。

だが、実際は、日本はインテリジェンスを無視したというより、当時の妥協を許さない圧力の中で戦わざるを得なかったと言った方が正確であろう。

日本がこの選択をした背景には、明治維新以来の列強と肩を並べるための努力があり、アメリカの圧力に屈することは国益を損ね、国民の支持も得られなかったという事情がある。そのため、日本は独立を守るために海外進出を進める道を選ばざるを得ず、特にアメリカの中国利権確保の動きに対抗して防衛と国力強化のための大陸進出を進めざるを得なかったと見ることができる。

さらに、日中戦争では早期講和を望みつつも、米英が和解工作を妨害し、蔣介石を支援することで消耗戦が長期化した。さらにアメリカは日本に対してエネルギー供給の封鎖やハル・ノートによる圧力を強化し、戦争回避の選択肢を奪った。
開戦後、対米戦で一時的な戦術的成功を収めたものの、アメリカに「リメンバー・パールハーバー」という大義を与え、戦略的には破綻した。それでも、この決断には国益と独立を守ろうとする日本の強い意志が反映されていたことは見落とすことができない。

◆諸外国との世論戦に敗北

大東亜戦争への道を歩む中で、日本は諸外国の巧妙な情報戦に直面し、その圧力を受け続けた。日露戦争での勝利後、アメリカは日本に対して満州の権益分割を提案（ハリマン提案）したが、これを日本が拒否したことで両国間の緊張が高まり、その後アメリカは「オレンジ計画」と呼ばれる対日軍事戦略を策定し、日本の国際的な孤立を狙った情報戦の強化に乗り出すこととなった。

これまで述べてきたように、１９３１年の満州事変が発生すると、中国は国際連盟を利用して日本に対する反発を強め、国際社会での日本の孤立を図った。国際連盟はリットン報告書を採択し、満州国を不承認とした。この決定により、日本は国際社会からの孤立を深め、反日運動がさらに広がる結果となった。

一方、アメリカも独自に日本への牽制を強めていた。特に、日本の満州における活動に反発し、経済的制裁や外交的圧力を強化することで、日本を孤立させようとしたのである。こうしたアメリカの圧力と国際連盟による非難により、日本は次第に追い詰められていった。

さらに、日中戦争が勃発する前には、ソ連のコミンテルンが中国共産党に働きかけ、日中の対立を激化させることを画策していた。これは、日本と中国の双方を消耗させることでソ連の影響力を強化することを目的とした巧妙な情報戦の一環であった。また、中国共産党もこの時期に情報戦を活用し、反日感情を煽る活動を展開していた。特に、ソ連の支援を受けた劉少奇が中共中央北方局を通じて学生層を巻き込み、日本への反感を拡大させるプロパガンダを行っていたとされる。こうした活動は、国内外の反日感情を醸成し、国際的な圧力をさらに強化する要因となった。

1937年の第二次上海事変における日本の行動も、諸外国の情報操作に大きく影響された。国際連盟での日本への非難の背景には、蔣介石や宋美齢が外国メディアに働きかけ、国際社会の支持を取り付けるために情報戦を駆使したという経緯がある。彼らの巧妙なプロパガンダ戦略は、日本を窮地に追い込む要因となった。

一方で、日本側には情報戦において致命的な弱点があった。特に、国際世論や敵対国の国民感情に関する情報収集と、それを活用した心理戦や世論戦の対応が不十分であった。

例えば、太平洋戦争開戦前のアメリカ世論は戦争反対の傾向が強く、ルーズベルトは戦争をしないことを国民に約束して再選されていた。しかし、日本は宣戦布告の手続きを誤り、アメリカから「卑怯な奇襲」と見なされる結果を招いたのである。これによりアメリカ世論は日本への敵意で結束し、結果的に日本はアメリカの巧妙な情報戦に敗北したと言える。

◆過剰な精神主義と情報軽視

大東亜戦争の敗北原因として「情報軽視の精神主義」がしばしば指摘される。精神主義とは、精神力や意志の強さによって困難を乗り越えられるという信念であり、過度に強調されると、戦略的判断や政策決定において情報の重要性が軽視される傾向がある。

日露戦争後、日本軍は精神主義を強化する方向に進んだとされる。１９０７年の「帝国国防方針」では「国防は攻勢を以って本領とする」と規定され、同年の『野外要務令』や１９０９年の『歩兵操典』の改定においては攻撃精神が強調された。この『歩兵操典』の改訂について、ＮＨＫ取材班『敵を知らず己を知らず』では、日露戦争の勝利に自信を深めた陸軍が精神主義を強調し、攻撃精神と白兵銃剣突撃を核とする歩兵戦術を確立していったとの見方を提示している。

また、『失敗の本質』では、「近代戦の要素を持っていた日露戦争を経験しても、西南戦争に従軍した指導者たちは、過去の薩軍の突撃力がきわめて優れていたこと、露軍が歩兵の近接格闘を重視し実際白兵戦闘が強かったこと、旅順における二〇三高地の最後の勝利は肉弾攻撃であったこと、などに思いをはせて、結局は銃剣突撃主義に傾倒していった」と述べている。

日露戦争において日本軍は多くの犠牲を払って辛うじて勝利を収めた。こうした消耗戦に対する反省から、戦後にはロシアへの警戒感が高まり、軍備強化や精神主義の高揚が進んだとも考えられる。したがって、単に「日露戦争の勝利」が精神主義を高めたとするのは一面的な見方であり、むしろ日本軍が得た勝利は、精神主義と戦略的な危機意識の双方に影響を与えたものと捉えるべきであろう。

太平洋戦争開戦後のガダルカナル島の戦いにおいても、日本軍は精神力を過度に信頼し、米軍の実力や自国の物資・兵力の限界に関する情報分析を疎かにした結果、大敗を喫したと評価されている。

ただしこの点について、クラウゼヴィッツは『戦争論』で、「戦争中に得られる情報の大部分は誤報や不確実なもの」であると述べており、情報の不確実性が高い戦場において精神主義を高めることが士気維持にとって必要であることも事実である。加えて、日露戦争以後の日本は生産力や装備において他国に劣り、火力主義を追求することが困難であった。この現実を回避できなかったため、精神主義を強調することで困難を乗り越えようとした事情があったという側面も無視できない。

とは言え、日本軍が精神主義によって情報をまったく軽視したと考えるべきではない。日本陸軍は日露戦争以後、情報活動への取り組みも強化しており、陸軍教範における情報に関する記述が増加し、1928年には『諜報宣伝勤務指針』が制定された（**139ページ**参照）。また、1930年代後半には防諜組織の設立や陸軍中野学校の創設といった情報戦への備えが進められた。しかし、これらの取り組みは組織全体に十分に浸透することなく終わったのも事実である。

要するに、日本軍がロシアに勝利したという事実が国民の期待を高め、同時に諸外国の羨望や圧力を招いた。その中で日本は、世界的な国益獲得競争に立ち向かう中で「負けるものか」という強い精神主義を確立し、これが広がった。しかし、過度に強調された精神主義は、冷静な情報分析や現実的な戦略立案を阻害し、やがて「大本営発表」のような意図的な偽情報が広まり、客観的な状況把握がますます困難になったのであろう。

さまざまな要因が重なり、精神主義が強調された一方で、情報重視の取り組みが停滞し、それが結果として無謀な大東亜戦争へとつながった。物量の絶対的な格差の中で「欲しがりません、勝つまでは」という精神主義だけでは国家の維持は困難であり、その結果が悲劇的な結果を招いたと言えるだろう。

◆異民族統治の失敗――理想主義と現実との乖離

「戦わずして勝つ」という理想を掲げる謀略の本質は、相手を恐怖で支配するのではなく、信服と納得を得て自発的な協力を促す心理戦にある。しかし、異民族の統治は簡単ではなく、たとえ衛生や教育の向上といった善導があったとしても、それが現地の人々にとって「良いこと」とは限らず、押し付けがましいものとして独善的に映りやすい。

土肥原賢二は満州事変や支那事変において、「謀略は誠なり」を信条とし、清廉潔白な態度で中国人の信頼を集めようと努めた。しかし、恩恵を受けられなかった現地人や、厳しい統制に反発した日本人からは反感も抱かれ、彼の行動には複雑な評価が伴った。

さらに、日本の満州統治構想である「在満蒙五族協和国」には根本的な限界があった。満州は満州族の土地であり、そこに漢民族と異なる国家を創設することには一応の道理があったが、実際には漢族、満州族、蒙古族、朝鮮族間の歴史的対立や憎悪が深刻で、外部の日本が上位に立ち「平等共存」を掲げて統治することは現実的ではなかった。

日本の「八紘一宇」の理念も独善的と見なされ、共産主義の「ユートピア社会」との対比で正統性に欠けるものと映り、特に中国や朝鮮からの不満を増幅させ、結果的に日中戦争の長期化を招いたと考えられる。

日本は台湾や朝鮮半島で教育や衛生の改善に貢献し、東南アジアやインドの独立にも影響を与えたが、上から目線での文化や価値観の押し付けは、支配される側にとって屈辱であり、反発心と独立心を強める要因となった。現地の人々の立場に立った対話と相互理解が欠けていたため、日本の当時の異民族統治は少なからぬ反感を呼び、長期的な安定確立には至らなかったのである。

◆空気に支配される日本人——増長主義の高まり

大東亜戦争の勃発は、陸軍の暴走だけでなく、日本全体に浸透していた「空気」の影響を抜きに語れない。日本人は意思決定を行う際に「みんなが同じ空気を読んでいる」という暗黙の了解を重視し、この空気が国民の行動を画一化した。この「空気」は、リスク評価や情報の分析を妨げ、現実を無視した目標を掲げ、具体的な戦略や長期的視点が欠けたまま戦争に向かわせた要因である。

「空気」が戦争勝利への期待と結びつき、増長主義が広がった。日露戦争や第一次世界大戦で捕虜を丁重に扱った日本は人道主義国家として認識されていたが、戦争の成功による自信と驕りがアジア諸国への優越感と蔑視を生み出した。さらに「対華21か条要求」は国際的な信頼を損ない、中国での反日感情を刺激し、増長した日本の態度が周辺国との緊張を引き起こす要因となった。

この「空気」には脆弱さも含まれていた。論理的基盤が欠如しているため、国内で同調圧力として機能しても、欧米のプロパガンダには対抗できず、結果的に日本は国際社会から孤立した。こうして空気に基づく増長主義は論理的整合性を欠き、国際的な批判と孤立を招く結果となったのである。

戦後、戦前の日本軍の行動を「自衛戦争」とする歴史の見直しが行われているが、東南アジアでの行政的成果があったとしても、自己中心的な支配を否定することはできないのではないだろうか。

第2節　組織・人事的な要因

◆国家統一組織の不在

大東亜戦争の勃発に関する要因の一つとして、国家統一組織の不在が挙げられる。これまで述べてきたように、明治期から続く日本の国防方針の策定において、陸海軍間での仮想敵国の選定や情報の調整に齟齬が見られたことはその証左である。

要するに当時の日本には、情報や戦略を統一的に調整する機関が存在しなかった。明治時代も国家戦略を統一的に調整する機関は存在しなかったが、明治維新をリードしたカリスマ指導者が国家主導し、出口戦略を確立した。日露戦争では開戦当初から金子堅太郎をアメリカのルーズヴェルト大統領のもとに派遣し、終戦工作を行った。

しかし、大正、昭和へ時代が移る中、カリスマ指導者は消え、満州事変以降は小粒の作戦指導者たちが出口戦略を欠いたまま、日中戦争にずるずるとのめり込んでいった。

また、政治と軍事との対立が顕著であった。政治による軍事の統制を欠き、陸軍と海軍との対立もあり、統一した情報活動はできなかった。

杉田一次は著書の中で次のように論じている。

「外務省は世界に広がる大公使館や総領事館を持ち、優れた情報網を構築していたため、世界情勢に精通していた。しかし、軍の政治関与を避け、セクショナリズムも影響して、外務省と陸海軍の間で情勢の共有や研究は困難だった。特に上層部ではこの傾向が顕著で、陸海軍の情報部は仮想敵国の情報に集中し、戦略的な総合情報は軽視されていた。外務省の情報は軍事面を欠く傾向があった。

また、大公使館付武官が独断的な行動を取り、外務省と軍の関係が悪化することがあった。結果として、情報機関間の協力が不足し、情報が適切に共有されず、最高指導層に届かないことが多かった。」（杉田『情報なき戦争指導』を筆者要約）

日本の国家統一体制の不備はイギリスと比べると明らかである。イギリスでは、第一次世界大戦時にはすでに国家情報機関としてＭＩ５やＭＩ６が組織されており、総合的な情報判断を重視していた。さらに、１９３６年には情報機関を取りまとめる政府横断型の委員会、合同情報委員会（ＪＩＣ）が設立され、チャーチルが直接統括していた。

◆作戦部重視の中央組織

陸軍参謀本部は、明治の創設以来、作戦部を重視する傾向が続いていた。日露戦争時には、作戦部が情報部を軽視する風潮があり、黒溝台の戦闘においてもその傾向が顕著であった。イギリスの宇都宮中佐やドイツの大井中佐が複数の情報を分析し、黒溝台の会戦の意図について情勢見積もりを作成したにもかかわらず、満州軍総司令部の作戦部はこれらの情報を軽視し、自らの判断で物事を進める傾向が見られた（109ページ参照）。

大東亜戦争前には、参謀本部において作戦参謀が幅を利かせ、情報部は作戦部や統帥部の意向を忖度しながら情報を処理することがあった。このような偏った情報処理は、情報の客観性を損なう重大な問題であった。

杉田一次は戦時中に情報部門が軽視された経験を語り、戦後もその体制が変わらないことを嘆いていた。彼は陸上自衛隊でトップの陸上幕僚長に就任したが、情報軽視の体制を改革することはできなかったという。

この問題は、日本の軍隊組織の歴史的な構造や、人間の心理的な要因に根ざした根深い課題である。そもそも情報は作戦を補佐する役割にあり、戦争や軍事の高圧的な状況下では、目の前の戦闘や作戦成果が最も重視される。現場の作戦部門の人々は、直面する問題に迅速かつ決定的な行動を取る必要があり、そのため、時に情報を活用する余裕がない。

また、作戦部は部隊を指揮し、軍事行動の成果が目に見える一方で、情報部は作戦支援のため敵の知見を地道に収集する役割を担っている。そのため、作戦部に優秀な人材が集まり、虚栄心や自己顕示欲から情報部が軽視される傾向が生じる。こうした問題を是正するために、情報部門と作戦部門の人事交流を進めると、今度は経験やノウハウの蓄積が分散し、情報支援の専門性が失われるリスクが生じる。

このような根本的な問題を理解せず、単に「作戦重視」「情報軽視」を批判しても意味はない。むしろ、国家および軍事司令部が戦略的な視野を持ち、戦略情報を重視した上で、作戦部門が現場の問題解決にあたるという構図を確立できなかったことに真因があると言えよう。

さらに、指導者や指揮官が広範な戦略的視点を持とうとしなかったことも問題である。これが、明治の時代と大正・昭和の時代との決定的な差異であり、戦略情報と作戦部門の間の認識や優先順位のギャップこそ、重要な課題として認識すべきである。

◆情報と作戦の未分化

情報部門と作戦部門の未分化は、作戦部門の独善的な行動や閉鎖的な集団化を引き起こし、ノモンハン事件以降には情報軽視が進み、この結果、大東亜戦争の敗北につながったとされる。

たしかに、情報部門と作戦部門が独立しない場合、作戦担当者は自らの計画に都合の良い情報だけを選択しがちである。これにより、主観的で独断的な情報選択が生まれ、組織全体の判断が偏る危険がある。したがって、情報部門と作戦部門の分離が望ましいとされる。

ただし、この問題は、作戦情報と戦略情報で分けて考える必要がある。戦場において作戦指揮官は、刻々と変化する状況を瞬時に判断し、迅速な意思決定を行わなければならない。このため、完璧なインテリジェンスを待つ余裕はなく、第一線で得られた生情報（インフォメーション）を元に迅速な判断が求められる。作戦情報には「知る速さ」が重要であり、作戦部門や指揮官が迅速性を考慮して、状況に応じて独断的に行動するのは合理的である。

また、戦況速度の高まる現代戦では、無人機やレーダーなどの戦場監視機器が探知する情報が作戦指揮所に即時に伝達され、それに基づいて作戦指揮官が迅速な意思決定を行う。戦場は過去にもまして作戦と情報の垣根がなくなっており、そこに長年の経験と広範な知識の蓄積は必ずしも必要ではない。このような状況下で作戦部と情報部が分化することは困難である。

一方で、戦場から離れた部署では、広範な情報を集めて、中長期的な戦略のための戦略情報を作成するために「知る深さ」が求められる。ここでは情報の正確性や示唆が重要であり、広範な知識や分析センスが不可欠である。偵察衛星や通信情報が発達しても、敵対国の意図を洞察するためには専門の情報分析官の力が必要である。

また、戦略情報の部署において作戦部門と情報部門が分離されることは、戦略に都合の良い情報ばかりを採用するなどの「インテリジェンスの政治化」を防ぐためにも重要である。日露戦争時の「諜報には長い経験が必要だ」（108ページ参照）との福島派の言葉が示すように、戦略情報における分離の重要性は異論を待たない。

戦術判断を要する作戦情報においては、情報部門と作戦部門の統合が効果的であるが、高度な戦略情報においては両者の独立を保持することが適切である。このような分離の重要性は、諸外国の戦史における教訓からも明らかであり、効果的な意思決定と正確な戦略立案には、適切な組織構造が不可欠である。

◆派閥対立の風潮

日清戦争と日露戦争の時代には、薩摩藩と長州藩の二大派閥が政治と軍事を支配するも、一定の勢力均衡を保っていた。山縣有朋と伊藤博文といった元老たちは、日露戦争後の講和条約締結でも協力し合った。しかし、大正時代に入ると、政友会と憲政党という政党間対立が生まれ、政治的派閥の複雑化が進行した。

昭和時代には、この派閥対立がさらに深刻化し、特に陸軍内部で顕著な対立が見られるようになる。陸軍中堅将校である永田鉄山、岡村寧次、小畑敏四郎、東條英機などは、長州閥の解体を進めるものの、代わりに統制派と行動派という新たな対立構造を生み出した。これにより、薩摩・長州の相互バランスは崩れ、主義主張の応酬や自己の立身出世を目的とした派閥が生まれた。

さらに、外務省内部でも満州事変以降、英米派と革新派（強硬派）といった派閥が形成された。1937年の日中戦争勃発後には、東條らの陸軍統制派が外務省革新派と連携し、親独派の傾向を強めた。これにより、日独防共協定や日独伊三国同盟の締結に至るプロセスが進行した。

三国同盟の締結時期には、陸軍と海軍の〝対米慎重派〟（永野修身、米内光政、山本五十六、井上成美など）との対立が顕在化し、それぞれの対抗心から国家政策が歪められた。

日清・日露戦争の時代と比較すると、昭和時代の派閥対立は国際社会との関わりが増大したことで複雑化した。陸海軍の現役武官制や統帥権干犯問題が政治による軍事の統制を困難にし、明治時代のようなカリスマ政治・軍事指導者が不在であったことが、挙国一致体制の確立を妨げた。国策や戦略の安定が欠如する中で、国家レベルの政治工作の成功は難しかったと言える。

◆ドイツ傾斜・欧米軽視の人事

戦前の陸軍参謀本部には、「作戦部重視」の姿勢に加え、「ドイツ傾斜、欧米軽視」という傾向が根強く、大東亜戦争に至るまで続いた。幼年学校では、外国語教育としてドイツ語、フランス語、ロシア語が長らく主流であり、英語や中国語は士官学校に進んでから履修する程度であった。この教育体制を背景に、陸軍大学校への進学者の大半が幼年学校出身者で占められ、外国留学の機会もドイツが最多で、次いでフランス、ロシアとなり、英米や中国への派遣はそれらの3分の1にも及ばなかった（江利川春雄『英語と日本語：知られざる外国語教育史』）。こうした傾向により、英米に関連する部署は陸軍内で重要視されず、傍流のポストとみなされていた。

この風潮に加え、ヒトラーの台頭が陸軍をさらにドイツ寄りに傾かせた。参謀本部内で要職を占める親独派が、外部の意見を取り入れない強硬姿勢を強め、1940年9月の三国同盟締結を後押しした。一方で、英米に対する理解は乏しく、情報部でもドイツ寄りの人事が進行し、英米に関する情報収集が軽視され、ドイツからの宣伝情報を無批判に受け入れる傾向が顕著であった。この偏った情報処理は、参謀本部内での情報の客観性を損ない、戦略的判断に悪影響を与える要因となった。

大東亜戦争開戦時、参謀本部の部長・課長職はほぼすべてドイツ派で占められていた。この状況に対し、当時情報部長であった本間雅晴少将は1938年7月の離任時に「英米軽視の風潮を改め、ヒトラーの政策に巻き込まれないよう努めるべき」と申し送りを行い、英米情報の重視を訴えた。しかし、後任の部長の交代とともにその意図はかき消され、英米軽視の状況は変わらなかった。

◆属人的人事が招いた歪み

情報分析における歪みを生む要因として、「クライアンティズム（顧客一体化）」と呼ばれるバイアスが挙げられる。これは、対象国や顧客の立場や流儀、心情に沿って物事や事象を判断する傾向を指す。例えば、分析担当者が長期間にわたり特定の国や事項の分析に従事していると、その対象に愛着が生まれ、行動を中立的に評価することが難しくなる。「あの国に限って……」といった言い回しで対象国の立場を代弁し、その活動に対して弁護するような姿勢は、クライアンティズムに陥っている兆候である。

歴史の一例として、1936年11月25日に日独が防共協定を結び、これにより日本はドイツ駐在武官からのソ連情報を重視するようになった。当時の駐独武官であった大島浩大佐は、断続的にベルリンに駐在しており、ナチス上層部との親密な関係を深めていた。彼はヒトラーを崇拝し、彼の言葉を絶対視するようになり、いわばクライアンティズムに傾倒していた可能性がある。

1960年代に中国情勢を分析する一部の専門家が中国共産党の政策や近代化を称賛し、文化大革命をも好意的に評価していたことが広く知られている。現代においても、外務省の語学研修を通じて親中・親露の影響が見られる。こうした専門性を重視する長期・硬直的人事がクライアンティズムを生み、正確な情報処理を妨げている。

一方、情報部門の人事管理には派閥や個人的な好き嫌いが色濃く影響し、属人的な要素が情報管理の硬直化を招いていた。例えば、太平洋戦争勃発時の参謀本部情報部長であった岡本清福は、ドイツとの関係が深く、英米に対する認識が乏しかったとされる。また、威圧的な性格を持つ作戦部長・田中新一の影響もあり、情報部は作戦部に従属する形での情報評価を強いられていた。

こうした属人的な管理と派閥の影響により、情報の客観性が失われ、ドイツからの宣伝情報が重視される一方で英米情報は軽視され、情報が作戦部門の要求に沿って忖度される傾向が強まった。このことが、結果として戦局に悪影響を及ぼしたと考えられる。

歴史的な教訓として、情報分析においてバイアスや属人的な要素の影響を排し、客観的で柔軟な評価が求められる。

第3節　理論・活動的な要因

◆情報理論の理解が未熟

戦後、陸上自衛隊で『作戦情報』の教範作成に携わった松本重夫は、旧日本軍における情報理論の未発達ぶりに驚きを覚えたと述べている。松本は、米軍の情報理論がいかに論理的かつ学問的であったかを知り、それに対して旧日本軍の情報運用が単に先輩からの経験則として引き継がれてきたことを嘆いた。

ただし、1920年代後半以降、『諜報宣伝勤務指針』といった情報教範が作成され、『統帥綱領』や『作戦要務令』には情報運用に関する記述が増加し、情報の審査や評価などの要領についても規定されていた。つまり、この時期には情報理論が徐々に確立されつつあったものの、その知識が必要とされる関係者に十分に浸透したとは言えなかった。

インテリジェンス研究者の小谷賢氏もまた、日本軍では戦場で得られた生の情報が他の情報と照合されることなく、そのまま報告されることが多く、これが偽情報の流布を招いたと指摘している。特に終戦間近には、参謀本部が「哈特諜（ハルビン情報）」に依存しており、この情報がソ連による偽情報である可能性が高いにもかかわらず、ほとんど検証されずに使用されていたようだ。さらに、情報部と作戦部の間では「情報」の解釈をめぐる対立があり、最終的には作戦部の意見が優先されることが多かったという。

杉田一次は、陸軍大学校での戦略や戦術の教育では、情報の求め方や審査、評価については教えられず、与えられた情報はすべて真実とされる傾向が強かったと述べているし、陸軍軍人・陸上自衛官の堀栄三は、情報がどのように求められ、審査され、評価分析されるかのトレーニングが不足していたと述べている。

結局、陸軍全体としては、ドイツ教範などを基にした『諜報宣伝勤務指針』や『作戦要務令』において重要なことが規定されていたにもかかわらず、それを実際の教育訓練に落とし込むことができていなかった。形式主義にとどまり、情報の基本理論を実践的に理解しようという意識が欠如していたと言えるであろう。

今日の自衛隊に限らず、日本では教範やマニュアルを整備して満足する傾向が強く、ここに問題の本質がある。

◆情報関心の偏り――鹿を追う者は山を見ず

今日、日本を含め諸外国では情報関心、生情報の収集、処理、分析、インテリジェンスの作成、配布（使用）といった情報サイクル理論が確立されている。このサイクルに基づけば、最初にどのような生情報を収集するかという方向性や計画を立てること、すなわち情報関心を正しく振り向けることが重要である。

しかしながら、この段階で収集上の焦点を絞りすぎると、「鹿を追う者は山を見ず」になる。例えば、陸軍の支那通と呼ばれる土肥原や板垣らの情報関心は、現場における地域情報に偏っていたため、大局から中国の情勢を判断することはできなかったようである。

「鹿を追う者は山を見ず」の典型が1939年8月23日の独ソ不可侵条約である。この条約により平沼首相は「欧州の天地は複雑怪奇なり」との有名な言葉を残して、総辞職した。しかし、もう少し視野を広くすれば条約締結の兆候はあった。

ヒトラーはイギリスとの対立を回避する外交を基本としたが、駐英大使時代に反英感情を強めていたリッベントロップ外相は早くから独・伊・日・ソによってイギリスに対抗する構想を固めていた。彼は1939年1月に「日独伊三国防共協定」（1937年11月締結）にソ連に加えて、英仏を仮想敵国とする軍事同盟を締結することを日本に提案してきた。この意味を中央はよく分析すべきであった。

1939年4月、ヒトラーはイギリスとの海軍協定を破棄した。5月、ソ連では外務人民委員が、対英仏軍事同盟推進派のリトビノフから、最も緊密なスターリンのシンパといわれるモロトフに替わった。これらの情勢変化も独ソ接近の重要な兆候であった。

当時、アメリカの著名な政治学者ジョージ・ケナンは外交官としてチェコのプラハに赴任していたが、こうした国際情勢を広く分析し、独ソの接近を完全に予測していたという。

これに対して、日本の情報活動はドイツに偏っており、特にヒトラーに注目していた。この背景には、当時の日本が極東のソ連軍の動向に強い関心を持っていたものの、1930年代初頭からのソ連の厳しい防諜体制によって、対ソ連の人的諜報が完全に行き詰まっていたことがある。

日本は1933年にクーリエ（外交伝書使）制度を開始し、1936年にハルビン機関では文書諜報、通信諜報（哈特諜）などを強化し、6月にはロシア課を新編した。だが、なかなか成果を上げることができなかった。

また、中国戦線での優勢を楽観視していた可能性があり、その認識が、ドイツの優勢を強調する都合の良い情報と相互に影響し合った結果、総合的なリスク管理の観点からの情勢判断が疎かになった。

他方、ソ連のスターリンはクリヴィツキー機関の諜報活動を通して日独防共協定（1936年11月）のやり取りをめぐるベルリンと東京の極秘電報の内容を承知していた（三宅正樹『スターリンの対日情報工作』）。またゾルゲを使って日本とドイツに関する情報を逐一つかんでいた。

このように、ソ連は欧州、日本などに対して幅広い情報関心を有しており、ゾルゲの情報関心は日本の軍事のみならず、政治、民意、歴史、農業など幅広い領域に及んでいたのである。

◆複数仮説を立案せず

情報を収集した後には、結論を出さなければならない。それは、意思決定や行動に移るためである。この際、過去や現在の出来事は明確な証拠があれば断定できるが、未来のことについては有力な兆候や原因があっても、確実に予測することは難しい。

情報機関における現状分析や未来予測も、「こうであろう、こうなるであろう」と仮説を立て、それに基づいて証拠と照合し、最も蓋然性の高い仮説を組織全体で検討する必要がある。これを行わなければ、分析は単なる思い込みや主観、あるいは忖度に過ぎなくなり、健全な情報活動とは言えない。

当時、日本政府は詳細な情報分析を行わず、場の雰囲気に流され、目の前の事態を鎮静化するために断定的な判断を下した形跡がある。その一例として、1928年の張作霖爆殺事件が挙げられる。

張作霖爆殺事件については、関東軍高級参謀の河本大佐による犯行であり、関東軍が対立する張作霖を殺害し、満蒙問題を解決しようとした計画的な謀略というのが通説である。その後、河本による恣意的で無計画な犯行だったとする対立説も浮上したが、河本犯行説が長年にわたり主流とされてきた。

ところが、2005年に出版された『マオ―誰も知らなかった毛沢東』（ユン・チアン、ジョン・ハリディ著）では、ドミトリー・プロホロフの『GRU帝国』を引用し、ソ連の情報機関資料に基づき「スターリンの命令でナウム・エイティゴンが計画し、日本軍の仕業に見せかけた」とする説を紹介している。

これを契機に、論壇誌『正論』や『諸君』などで「コミンテルン関与説」が取り上げられ、ノンフィクション作家の加藤康男氏は『謎解き「張作霖爆殺事件」』（2011年）を刊行した。加藤氏は、当時の北京駐在英国公使ランプソンの公電（1923年7月3日付け）「（殺意を抱く者は）ソヴィエトのエージェント、蔣介石の国民党軍、張作霖の背信的な部下など多岐にわたる。日本軍を含めた少なくとも四つの可能性がある。どの説にも支持者がいて、自分たちの説の正しさを論証しようとしている。」に注目し、日本軍やソ連コミンテルン、張学良の関与など少なくとも四つの説が存在することを主張した。

とは言え、現在も河本犯行説が根強く支持されており、筆者もコミンテルン犯行説を支持しているわけではない。だが、加藤氏も指摘しているように、「一途に河本犯行説を信じて問題を収束させようとした」点には問題がある。つまり、もっともらしい一つの証言や思い込みに固執し、上層部からの早期収拾圧力に応じて、立証作業という情報分析の基本を怠った可能性がある。

こうした問題の背景には、日本の情報機関や情報活動の未熟さがある。当時、イギリスは外務大臣指揮下のＭＩ6を世界的に展開し、ソ連共産主義の拡大動向を注視していた。さらに中国大陸では、極東担当のＭＩ2Ｃ（陸軍情報部極東課）も活動させ、複数筋から情報を収集し、ソ連関与説を含む複数の仮説を立てる体制を整えていた。

一方、日本の中国大陸での諜報体制は、南満州鉄道株式会社の調査部（満鉄調査部）や陸軍参謀本部が各々の所掌範囲で限定的な情報活動を行っていたにすぎなかった。イギリスのような国家情報機関が存在せず、複数ルートから情報を収集し、正確性を審査して総合判断を下す体制にはなっていなかったのである。

また、蔣介石を当面の敵とみなす一方、幣原外交の対ソ穏健路線の影響を受け、ソ連共産主義の影響を見過ごしていた。１９２３年頃からコミンテルンの対外活動が活発化し、その指令を受けた中国共産党が国民政府への浸透工作を進めていたが、この点を軽視し、コミンテルンの関与という仮説を検討するには至らなかった。

こうした現状分析の甘さが、未来予測の拙劣さにつながり、結果として誤った行動方針を取ることとなった。１９３０年代初頭、中国大陸においてゾルゲと尾崎秀実の接触を許し、やがて来日するゾルゲによって国家の重要情報が漏洩する要因となったのである。

◆情報使用に問題──現場からの情報を無視

現場で収集された生情報を基に良質なインテリジェンスが作成されても、上層部が都合の良い情報だけを選別し、不都合な情報を無視するような状況が続く限り、正確な判断や効果的な政策立案は期待できない。

杉田一次参謀の著書『情報なき戦争指導──大本営情報参謀の回想』によれば、以下のように、陸軍参謀本部の第一部や第二部では自己の恣意的判断に基づき、都合の良い情報だけが採用された形跡がある。

１９４０年10月末、イギリス駐在の辰巳栄一少将が「ドイツが制空権を獲得できなかったため、イギリス侵攻は難しい」と大本営に報告したが、これを「英米寄り」として無視し、親独的な情報を重視して戦略を組み立てていた。さらに、１９４１年3月には在スウェーデンの西村武官が「ドイツは上陸用舟艇を十分備えていない」と報告したにもかかわらず、参謀本部情報部長の若松少将は「ドイツに不利な報告は控えるよう」と指示した。また、在ドイツの桜井中佐も同様の内容を報告していたが、東京へは伝わらなかったようだ。

加えて、１９４１年1月、杉田参謀がアメリカ出張中に「南方進出は日米衝突を招く可能性が高い」との警告を打電したが、無視され、戦史にも記録されなかった。4月の在欧武官会議では、小野寺信武官が「ドイツが対ソ侵攻準備中」と報告したが、大島大使秘書官の西郷中佐は「独軍は対英上陸準備中」として否定し、ドイツの対ソ準備情報を無視した。小野寺が得た情報は亡命将校からの貴重なヒューミントに基づくものであったが、西郷の表面的な視察が優先され、ドイツのカモフラージュに対する警戒も不十分であった。

また、小野寺はロシア専門家として目をかけられていたが、上官の小畑敏四郎が永田鉄山と対立し、永田の後任である東條英機が親独派を形成したことで、小野寺も疎外されていた可能性がある。

1941年6月、独ソ戦が勃発しても、日本はドイツへの過度の信頼を続け、ヒトラーが大島に独ソ開戦の可能性を伝えたにもかかわらず、日本側はその可能性を軽視した。松岡外相や建川駐ソ大使の「独ソ戦はあり得ない」との報告も影響し、6月6日の時点で「独ソ協定の維持が60％、開戦が40％」という見解が天皇に上奏される事態となった。

このようにして、戦況や外交環境に対する現実的な認識が失われ、上層部の判断は著しく偏ったものとなっていたのである。

◆謀略に傾斜――謀略だけでは物量戦に勝てない

先述したように大江志乃夫は、日露戦争において、正確な軍事情報の収集よりも、情勢を操作する謀略に重きを置く傾向が強まったと厳しく指摘している（110ページ参照）。

たしかに、謀略は地道な情報収集や戦力分析を避けられる魅力があり、時には目に見える成果をもたらすこともある。そのため、周囲は「一攫千金」の幻想に酔いがちである。しかし、謀略の成功は次の謀略を生み出し、やがて謀略絶対主義につながっていく。

1931年の満州事変は、政軍が一体となった謀略の成功例とされている。当時、日本軍は約1万4000の兵力で、奉天軍の約10分の1の戦力であったが、奉天軍の弱点を突き、わずか5日間で主力を撃破した。満州事変の成功は、「支那一撃論」を助長し、のちの対中積極論につながった。

1937年の盧溝橋事件では、石原莞爾は満州国の興隆を図り、国力充実後に日米最終戦争に備える意向であった。そのため、戦線の限定・縮小と「事態の不拡大」を方針としたが、参謀本部作戦課長の武藤章と陸軍省軍事課長の田中新一は反対した。武藤は、石原が満州事変で独断行動したことを引き合いに、「私たちは石原さんを模範として行動している」と反論した。板垣征四郎もまた、満州国建設後の熱河作戦で「謀略工作で行う」とし、謀略に固執した。

国力に大きな差がある場合、奇襲や謀略による一時的な勝利や成功も、最終的には物量戦の前に屈する。真珠湾攻撃の成果も一時的であったことはいわずもがなである。

鎌倉武将の楠木正成は謀略を駆使して戦いに勝利したが、最終的には足利尊氏の圧倒的な軍勢に敗北した。第四次中東戦争でも、アラブ諸国は軍事的奇襲に成功したが、最終的にはイスラエルの優越した軍事力に屈した。

さらに、謀略はしばしば意図した結果とは逆の効果を生むことがあり、これを「ブローバック」と呼ぶ。アメリカはソ連のアフガニスタン侵攻に対してイスラム勢力「ムジャヒディン」を支援し、一時的な成功を収めたが、その結果が9・11事件のブローバックとなった。

謀略はあくまでも一時的、局所的な目標達成の手段として使用すべきであり、謀略に酔いしれてはならなかった。

第9章 現代日本の情報戦への教訓

——歴史から学ぶ未来への道筋

◆現代的教訓の導出のためのアプローチ

戦後、日本は大東亜戦争の敗因を探り、その教訓を現代に生かそうと試み続けてきた。一般的には、組織・人事、計画・活動、情報・システム、後方支援といった各機能に分けて失敗の原因を詳細に分析するアプローチが採られており、このような機能別の分析手法は多くの著書にも見られる。これらの分析を通じて、過去の戦争から得られる教訓は現代の組織運営やビジネスに応用されてきた。

しかし、現代の情報戦における教訓を導き出すには、このアプローチだけでは不十分であると考える。国家運営や企業経営には、個別の作戦や情報にとどまらず、戦略的なビジョンや時代の流れを読む力、安定した財政基盤、広範な人脈など、さまざまな要素が求められる。

前章でも述べたように、大東亜戦争における日本の敗北は、単なる個別の問題の積み重ねというよりも、戦略的意思決定の問題、物量における劣位と、諸外国の情報戦における優位性などに起因している。そのため、個々の問題解決にとどまらず、国家として強固な戦略とビジョンの確立、外国からの情報戦に耐え得る体制の強化が不可欠である。

このような視点から、本章では現代の情報戦における本質的かつ根本的な課題の克服により焦点を当て、国家戦略の基盤としての情報戦のあり方を考察する。

一方、前章で考察した組織・人事的課題や理論・活動的課題は複雑に絡み合い、大きな課題に発展する可能性もある。これらについては本書で指摘した問題点を踏まえつつ、読者にも現実の状況に照らしてより実践的な対策を考えていただきたい。その前提のもと、本章では情報戦の本質的な課題に焦点を当てる。

◆諸外国の情報戦に対する防波堤を築く

現代の日本が直面する国際環境は、かつて日本が経験した開国の圧力や欧米列強による日本利権の争奪と似た構図を見せている。中国やロシアといった大国が急速に台頭し、アジア太平洋地域での力の均衡が揺らぎつつある今、日本の国益は複雑な圧力にさらされている。領有権の侵害、スパイ活動、サイバー攻撃による技術流出――こうした脅威が迫る中、日本は国益を守るための戦略的な立ち位置を見直す必要に迫られている。

対外的な圧力は、日本が歴史的に直面してきた他国からの干渉や影響力拡大の試みにも重なる。現代においては、情報戦やプロパガンダが国家間の摩擦において重要な役割を果たし、日本社会も諸外国による影響力工作の標的となっている現状が浮き彫りになっている。例えば、SNSを通じたフェイクニュースの流布や世論操作が頻繁に見られるようになり、国民の意識や政治的動向に直接的な影響を及ぼしている。よって、我が国の政府や有力企業は巧妙に仕組まれた影響力工作や見えない浸透活動に対抗しなければならない状況にある。

これらの脅威を踏まえて、さらに日本の安全と安定を確保するためには、自由民主主義と文化的価値観を支える基盤を強固にすることが不可欠である。これにより、国民の自信と結束を強化し、対外的な情報戦や認知戦に対する耐性が高まることが期待される。

しかし、戦後の占領政策の過程で日本の文化や伝統を悪しきものと捉え、特に戦前の歴史観や価値観は厳しい批判の対象とされた。その結果、日本の伝統やアイデンティティが歪められたとの指摘も少なくない。

極東国際軍事裁判（東京裁判）や戦後の教育制度の再編、そしてウォー・ギルト・インフォメーション・プログラム（WGIP）は、日本人の歴史認識に大きな影響を与えたとされ、自虐的な歴史観を植え付けたと考える向きがある。こうした過度な歴史観は、日本の国家としての自信や国民の精神的基盤を弱体化させ、文化的抑圧を引き起こす要因となっている。

現代の日本が健全な歴史認識に基づくアイデンティティと価値観を取り戻すためには、教育内容の見直し、メディアリテラシーの向上、そして外国からの情報操作への対策といった具体的な施策が必要である。これにより、諸外国からの情報戦に対する防波堤を築くべきである。

◆伝統を踏まえた歴史観を養え

日本が諸外国の情報戦に打ち勝つためには、曖昧な「空気」に流されることなく、日本の歴史と向き合い、心からの愛国心を醸成することが不可欠である。日本の伝統を踏まえた確かな歴史観を持つことが、堅固な防波堤を築く第一歩となる。

本書で述べた元寇の危機において、鎌倉幕府は実効的な防御策を講じたにもかかわらず、「神風が吹いた」という伝説が広まり、「神の国」や「日本は負けない」といった神話が国民に浸透していった。また、日清・日露戦争の勝利によって「必勝日本」「一流国家」という意識が生まれ、過信が増長した。これが国民の必勝信念を強化し、結果として大東亜戦争での敗北につながった側面もある。

戦後、GHQは日本の愛国心を抑制するために書籍の焚書を行い、日本の歴史を一面的に捉えさせた。その結果、「日本は侵略国家」といった自虐的な歴史観が醸成され、中国などはこれを利用してプロパガンダや歴史戦を続けている。しかし、当時の日本の大陸進出には自衛の側面もあり、共存共栄の理念もあったことを忘れてはならない。

さらに歴史を振り返れば、日本は長きにわたり中国から文化や技術を受け入れたが、単なる模倣にとどめず、独自の文化へと発展させてきた。例えば、漢字から和歌が生まれ、孫子の兵法は武士道精神と融合され『闘戦経』として結実した。鎖国時代においても、西洋文化を取り入れながら日本独自の文化を築き上げている。このように日本は、外来の要素を柔軟に取り入れつつ、地理的特徴や「誠」を重んじる精神をもとに、独自の文化と愛国心を育んできたのである。

こうした歴史を再評価し、学び直すことが、現代の日本人に真の愛国心を根付かせる一助となる。今こそ「祖国日本とは何か」を再考し、日本人が内から真の愛国心を育むことが求められる。そのためには、教育や社会全体で歴史の真実を伝え、日本の独自性と誇りを持って未来を切り拓くべきである。

◆「戦略的妥協」と「譲れない一線」

過去の戦争の教訓を踏まえれば、日本が国益を追求する過程において、外国からの圧力や干渉に直面する場面が必然的に増えることは避けられない。特に、中国やロシアからの脅威に対抗する現状を鑑みれば、日米同盟が存在するとは言え、核兵器を持たない日本独自の抑止力には不安定さが伴う。このような状況下では、外交力と発信力を強化し、戦略的な主張を明確に示すことが極めて重要である。このプロセスは、「戦略的コミュニケーションの強化」と位置づけられるべきである。

歴史を振り返ると、満州事変後に国際連盟が発表したリットン報告書には、日本の満州における秩序維持の必要性が一部で理解されていた。しかし、中国の訴えを背景に国際連盟での外交的圧力が強まる中、ソ連の影響や、アメリカによる「スティムソン・ドクトリン」に基づく日本批判が加わり、最終的に日本は国際社会の反発に押される形となった。

仮に当時の日本が、満州の安定がアジア全体の平和と繁栄に寄与するとの論理を国際社会に展開し、多国間協力を提案していれば、異なる結果を導けたかもしれない。また、ヒトラーが共産主義の脅威を利用し、自国の行動を国際秩序の防波堤として位置づけたように、日本も同様の戦略を採用していれば、国際社会の理解を得ることができたのではないか。

このような歴史的経緯を再検証することは重要であるし、同時に、現在の情報戦環境を分析し、現代日本の対外的な戦略的コミュニケーションのあり方を再考する必要がある。この際、海外での日本理解を深めるために、シンクタンクやSNSを積極的に活用することも大切だ。日本の立場と主張を戦略的に発信することで国際社会との共感と協力を築くことが可能となるだろう。

一方で、国際社会における国益の獲得競争が激化し、他国による現状変更の試みが顕在化し、さらには外交や戦略的コミュニケーションの効果が限界を迎えた場合、日本は「戦略的妥協」を視野に入れる必要に迫られるかもしれない。だが、この判断に際しては、国民からの信頼と支持を確保することが不可欠である。

過去の大東亜戦争に至る経緯を振り返れば、日露戦争後に賠償金を取得できなかったことへの不満や、軍縮圧力に対する反発が、日本を無謀な戦争に突入させた要因の一つとなった。これを踏まえれば、戦略的妥協の選択肢においては、政府が「弱腰」と批判される可能性や、「戦争回避」の意見との対立に直面する場面が予想される。特に、国の威信や民族的誇りに関わる問題であるため、世論の支持を得るのは容易ではない。

そこで、政府は戦略的妥協の理由を、具体的なデータやリスク評価を通じて国民に丁寧に説明する必要がある。国民がこの選択を「逃げ」と捉えるのではなく、「戦略的な判断」として理解できるよう、説得力のある発信が求められる。そのためには、想定される状況をもとにシミュレーションに基づく、緻密な計画と、政府の説得責任が求められる。

さらに、戦略的妥協と、国家の根幹に関わる「譲れない一線」を明確に設定し、これを国民にしっかりと浸透させることも重要である。冷静な戦略的妥協を進める一方で、最終的に国の独立や主権が危ぶまれるような状況が生じれば、防衛の意思を発揮する必要がある。そのためには、教育や社会的基盤を整え、国民が冷静に対応できる環境を構築することが求められる。

加えて、国家が危機的状況でも立ち直れる「レジリエンス」を高めることも不可欠である。経済やエネルギー、食料の安全保障といった危機に強い国内基盤を構築し、外国依存を抑えることで、いざという時に妥協や撤退といった柔軟な対応を選ぶ余地を確保することが可能となる。

結論として、これらの課題に立ち向かうためには、強いリーダーシップが不可欠である。政府は国民に対して誠実で透明なコミュニケーションを行い、戦略的な決断を示すとともに、必要な場合には国を冷静に導く覚悟を持つことが求められる。特に、国民の信頼を築き、共に困難に立ち向かう意識を高めることこそが、今後の日本の外交戦略の要となるだろう。

◆歴史学習を通じて善悪二元論からの脱却を

日本が情報戦で敗北する可能性があるとすれば、それは外国勢力が日本社会に分断をもたらし、非愛国的な行動を誘発する場合である。戦前から、日本を貶めるプロパガンダが存在していたが、戦後は中国が南京大虐殺、韓国が慰安婦問題を利用し、「歴史戦」という形で過剰なプロパガンダを展開し、これによって日本社会に分断が生じている可能性は排除されない。さらに現在では、サイバー攻撃や情報操作を通じて国民の認知や心理に影響を与える「認知戦」が行われており、これは新たなWGIPともいえる日本社会の基盤を揺るがす試みである。

現代の情報戦の特徴は、平時やグレーゾーンにおいて水面下で進行する点にある。そのため、国民が知らず知らずのうちに影響を受け、社会が分断や不安定化に向かう危険がある。この見えない戦いに対抗するためには、現象の背後にある主体や意図を見抜く「インテリジェンス・リテラシー」が不可欠である。

まず、国民のリテラシーを妨げる善悪二元論の呪縛から脱することが重要である。情報戦では、相手を「悪」、自分を「善」と見なす単純な構図がよく利用される。戦争後に生まれた「海軍善玉論、陸軍悪玉論」という論調も、特定の目的で作られた思想工作の一環であると見るべきである。

ロシア・ウクライナ戦争において、ロシアがウクライナに対して軍事侵略を行ったことは許し難い行為であり、それを正当化するためにプロパガンダを拡散していることは紛れもない事実である。一方で、欧米諸国によるプロパガンダも存在しており、その影響から、日本国内では「ロシア＝悪、ウクライナ＝善」という単純化された見方が広がっている。このことが、「悪は滅びるべきだ」という信念と「ロシアが屈服する」という希望的観測を生み、現実を正しく認識することを妨げている。現実の出来事は善悪だけで判断できるものではなく、背景にはさまざまな複雑な要因が絡み合っていることを理解すべきである。

例えば1931年の満州事変も、日本が米英ソなどの圧力から自己の勢力圏を確保しようとした側面があり、一方的な侵略と断じるのは適切でないとの見方も存在する。しかし、善悪二元論による自虐史観がこうした歴史の再評価を阻んでいる実態を認識しなければならない。

善悪二元論に基づく感情的な論調が広がると、同調圧力が強く、集団思考に流されやすい日本社会の脆弱性が露呈する。ICTやソーシャルメディアの発展により、集団思考はさらに広がり、事実の吟味や独自の判断が薄れることで、短絡的な行動が増える可能性がある。この状況は、プロパガンダを仕掛ける側にとって好都合であり、例えば中国はこうした日本の弱点を認識し、認知戦などに応用してくる可能性がある。

新時代の情報戦や認知戦に対抗するためには、「戦略的コミュニケーション」の強化に加え、国民がプロパガンダや偽情報に惑わされないためのインテリジェンス・リテラシーの向上が不可欠である。

その鍵となるのが、歴史学習を通じた善悪二元論からの脱却である。歴史は単純な勧善懲悪の物語ではなく、多様な立場や背景が交錯するものであり、これを理解することが、情報の真偽を見極めるリテラシーを養うことにつながる。

そのため、中学・高校におけるメディアリテラシー教育の充実だけでなく、大学や社会人向けに、インテリジェンスの視点からの情報史を学び、歴史を多角的に捉え客観的に分析する力を育む機会の提供が望ましい。さらに、国民の団結力と危機対応力を強化するために、国家を愛する自然な感情を高める情緒教育と、国家の持続的発展を支える理性的で強靭な意識の啓発が重要である。これらの取り組みにより、情報戦や認知戦への対抗基盤を築き、国家の安定と安全を確保することができるのである。

あとがき

本書は、２０１８年1月から２０１９年12月までエンリケ氏が管理するメールマガジン「軍事情報」に投稿した私の記事「日本の情報史」を基に、新たな視点を加え再構成したものである。また、陸軍中野学校に関しては前著『情報分析官が見た陸軍中野学校』（並木書房、２０２1年5月）で先行して発表しているため、本書では要点のみに触れ、より広範な日本の情報活動、とりわけ古代から太平洋戦争に至る流れを再整理することを目指した。

ところで、歴史研究には、史実の「解明」を主とする研究と、既存の史実に基づき「考察」する研究が存在する。前者は新資料の発見や仮説の構築を伴い、主に専門家や研究者によって行われる。一方、後者は既知の史実をもとに「ＨＯＷ（どのように）」や「ＷＨＹ（なぜ）」を問い、その問いから教訓や原則を導き出す方法であり、インテリジェンスの実務者や一般の読者にも有益である。

本書はまさに後者の立場をとって執筆されており、その目的は歴史の大きな流れを理解し、その背後にある問いを掘り下げ、現代において有用な知見を引き出すことである。そのため、意識的に記述の詳細度を調整し、読者にとって理解しやすく、かつ実務や生活に役立つ情報を提供することに重点を置いている。

ただし、「既存の史実」に基づく考察においても、歴史の解釈は一様ではなく、同じ事実から異なる見解が生まれている。

また、商業主義による誇張や脚色が加えられることも多いため、その点にも留意しなければならない。例えば、陸軍中野学校のように広く知られた題材では、センセーショナルな脚色がしばしば見受けられる。筆者も前著の執筆時に中野学校の卒業生やその家族に取材を行ったが、既存の関連本や映画、小説に描かれる「スパイ学校」のイメージとは大きく異なる点が多々あった。

加えて、学術研究などでは工作や陰謀が絡むテーマはしばしば「陰謀論」として排斥される傾向があるが、実務ではこのようなテーマも読み解くべきだと筆者は考えている。陰謀論とされた事件が後に事実と判明することもある。例えば、第二次世界大戦後に米国で起こった「赤狩り」で、ローゼンバーグ夫妻は当初「冤罪」と報道されたが、１９９５年に公開された「ヴェノナ文書」によって、ジュリアス・ローゼンバーグがソ連のスパイであったことが確認された。現代においても、確証のない説を即座に陰謀論として排斥するのは慎重であるべきだろう。

本書では、近衛政権下の敗戦革命にも言及した。これは戦争敗北を契機に国内体制の抜本的変革を図るもので、一部指導者が共産主義革命のために敗戦を望んだという説である。このような見方は証拠が乏しく陰謀論的ではあるが、行動の背後にある意図や背景を探る視点としては一考に値する。

さらに、歴史研究においては、自らの立場や価値観との関係を完全に切り離すことは難しい。筆者自身、左右の多様な論説が交錯する中で、自分の思想の明確な位置づけが定まっているわけではない。しかし、歴史研究の本質は、単なる過去の再現にとどまらず、次世代に価値観や教訓を伝える「物語」としての役割も担うものである。その「物語」が人の心を動かすものであれば、そこに右も左もない。本書では、筆者が感動を覚えた愛国心にまつわる歴史的なエピソードを多く取り入れることとした。

例えば、日露戦争では、将来を嘱望された青年将校たちが、あえて出世の道を断念し、花田や石光のように身分を隠して諜報活動に身を投じた。「シベリアのからゆきさん」たちも、愛国心あふれる諜報活動や軍事支援に尽力し、成功に大きく寄与した。また、中野学校の卒業生たちも滅私奉公の精神で海外の情報活動に赴き、国のために尽力した歴史がある。

もちろん、愛国心が誤った精神主義を生み出し、大東亜戦争へとつながる一因となったことは否定できない。しかし、今日の厳しい国際環境の中で、地政学的リスクに備えるためには、「国家を守りたい」「仲間を守りたい」「文化や伝統を継承したい」という愛国心に基づく精神が必要であると考える。本書を通じて、過去の教訓を胸に刻みつつ、愛国心を基調として冷静かつ戦略的に行動することが、新たな時代の情報戦で勝利するための鍵であることをご理解いただければ幸いである。

最後に、本書の執筆に際し、前著『カウンターインテリジェンス——防諜論』と同様に多くのご助言をいただいた育鵬社編集部副部長・山下徹氏には、編集面でのご協力を心より感謝申し上げる。また、株式会社ラックの常務執行役員・倉持浩明氏には、執筆環境の提供をはじめ、多岐にわたる専門的支援を賜ったことに深く感謝したい。同社ナショナルセキュリティ研究所の所長・佐藤雅俊氏にも、安全保障分野での専門的知見を惜しみなく共有いただいたことを、この場を借りて、厚く御礼申し上げる。

令和7年3月

上田篤盛

◉主要参考文献

相澤淳『海軍の選択：再考真珠湾への道』（中公叢書、2002年）
相澤邦衛『「クラウゼヴィッツの戦争論」と日露戦争の勝利』（文藝社、2015年）
阿羅健一『日中戦争はドイツが仕組んだ』（小学館、2008年）
有賀傳『日本陸海軍の情報機構とその活動』（近代文藝社、1994年）
飯村譲『現代の防衛と戦略』（芙蓉書房、1973年）
家村和幸『闘戦経：武士道精神の原点を読み解く』（並木書房、2011年）
家村和幸『大東亜戦争と本土決戦の真実』（並木書房、2015年）
稲葉千晴『明石工作：謀略の日露戦争』（丸善出版、1995年）
石光真清『曠野の花』（中公文庫、1978年）
岩井忠熊『陸軍・秘密情報機関の男』（新日本出版社、2005年）
岩下哲典『日本のインテリジェンス』（右文書院、2011年）
江利川春雄『英語と日本語：知られざる外国語教育史』（NHKブックス、2016年）
遠藤誉『毛沢東』（新潮新書、2015年）
大江志乃夫『日本の参謀本部』（吉川弘文館、2018年）
大橋武夫解説『統帥綱領』（建帛社、1972年）
岡崎久彦『幣原喜重郎とその時代』（PHP、2000年）
柏原純一『インテリジェンス入門』（PHP、2009年）
加藤康男『謎解き「張作霖爆殺事件」』（PHP新書、2011年）
日下部一郎『決定版　陸軍中野学校実録』（ベストブック、2015年）

◉主要参考文献

小谷賢『日本軍のインテリジェンス』(講談社選書、2007年)
実松譲『情報戦争』(図書出版社、1982年)
実松譲『海軍大学教育』(光人社、1993年)
サンケイ新聞出版局編『証言太平洋戦争――開戦の原因』(サンケイ新聞社出版局、1975年)
謝幼田『抗日戦争中、中国共産党は何をしていたか』(草思社、2006年)
新野哲也『日本はなぜ勝てる戦争に負けたのか』(光人社、2007年)
関幸彦『刀伊の入寇』(中公新書、2021年)
武田友宏編『太平記』(角川ソフィア文庫、2009年)
田原嗣郎、守本順一郎著『日本思想大系　山鹿素行』(岩波書店、1970年)
田中隆吉『日本軍閥暗闘史』(中公文庫、1988年)
童門冬二『楠木正成』(致知出版社、2011年)
土肥原賢二刊行会編『秘録土肥原賢二――日中友好の捨石』(芙蓉書房、1972年)
中野校友会編『陸軍中野学校』(非売品、1978年)
杉田一次『情報なき戦争指導――大本営情報参謀の回想』(原書房、1987年)
谷壽夫『機密日露戦史』(原書房、2004年)
谷光太郎『情報敗戦――太平洋戦史に見る組織と情報戦略』(ピアソンエデュケーション、1999年)
戸部良一『外務省革新派』(中公新書、)
戸部良一ほか『失敗の本質』(中公文庫、1991年)
中島篤巳『忍者の兵法　三大秘伝書を読む』(角川ソフィア文庫、2017年)
橋本惠『謀略――かくして日米は戦争に突入した』(早稲田出版、1999年)
秦郁彦『盧溝橋事件の研究』(東京大学出版会、1996年)
畠山清行、保阪正康著『秘録　陸軍中野学校』(新潮文庫、2003年)

原田統吉『風と雲と最後の諜報将校――陸軍中野学校第二期生の手記』（自由国民社、1973年）
伴繁雄『陸軍登戸研究所の真実』（芙蓉書房、2010年）
福井雄三『世界最強だった日本陸軍』（PHP文庫、2015年）
福井義高『日本人が知らない最先端の「世界史」』（祥伝社黄金文庫、2020年）
保坂正康、他著『あの戦争になぜ負けたのか』（文春新書、2006年）
前田治美『昭和叛乱史』（日本週報社、1964年）
前坂俊之『明石元二郎大佐』（新人物往来社、2011年）
前野徹『新歴史の真実』（経済界、2003年）
三田村武夫『大東亜戦争とスターリンの謀略』（自由選書、1987年）
三宅正樹『スターリンの対日情報工作』（平凡社、2010年）
宮崎正弘『禁断の国史　英雄100人で綴る教科書が隠した日本通史』（ハート出版、2024年）
吉原政巳『中野学校教育――一教官の回想』（新人物往来社、1974年）
リチャード・ディーコン『日本の情報機関：経済大国・日本の秘密』（時事通信社、1983年）
ロバート・B・スティネット『真珠湾の真実――ルーズベルト欺瞞の日々』（文藝春秋、2001年）
NHK取材班『ドキュメント太平洋戦争2　敵を知らず己を知らず』（kadokawa、1993年）
歴史REAL編『満洲怪物伝』（洋泉社、2015年）
郝在今『中国秘密戦（簡體書）』（作家出版社、2005年）
梁陶『日本情報組織掲秘（簡體書）』（時事出版社、2012年）

◉主要参考文献

拙著

『中国が仕掛けるインテリジェンス戦争』（並木書房、２０１６年）
『情報分析官が見た陸軍中野学校』（並木書房、２０２１年）
佐藤雅俊との共著『情報戦、心理戦、そして認知戦』（並木書房、２０２３年）
稲村悠との共著『カウンターインテリジェンス――防諜論』（育鵬社、２０２４年）

【著者略歴】
上田篤盛（うえだ・あつもり）
元防衛省情報分析官。株式会社ラック「ナショナルセキュリティ研究所」客員研究員、（一社）日本カウンターインテリジェンス協会顧問。
1960年生まれ。防衛大学校（国際関係論）卒業後、1984年に陸上自衛隊に入隊。幹部レンジャー課程を修了後、情報業務に従事。1993年から96年にかけて在バングラデシュ日本国大使館に警備官として勤務し、危機管理、邦人安全対策などを担当。帰国後、防衛省情報分析官および陸上自衛隊情報教官として勤務。2015年に定年退官。現在はインテリジェンス、防諜、サイバーセキュリティーに関する啓発活動を行っている。隔月誌『GLOBAL VISION』にて連載中。これまで内閣官房、防衛省、国土交通省、財務省、厚生労働省などの官公庁、自治体、企業において多数講演を行う。著書に『武器になる情報分析力』『戦略的インテリジェンス入門』（以上並木書房）、『未来予測入門』（講談社現代新書）、『カウンターインテリジェンス―防諜論』（稲村悠氏との共著、育鵬社）など多数。

情報戦の日本史

発 行 日　2025年3月31日　初版第1刷発行

著　　者　上田篤盛
発 行 者　秋尾弘史
発 行 所　株式会社　育鵬社
〒105-0022　東京都港区海岸1-2-20　汐留ビルディング
電話03-5843-8395（編集）　https://www.ikuhosha.co.jp/

株式会社　扶桑社
〒105-8070　東京都港区海岸1-2-20　汐留ビルディング
電話03-5843-8143（メールセンター）

発　　売　株式会社　扶桑社
〒105-8070　東京都港区海岸1-2-20　汐留ビルディング（電話番号は同上）

印刷・製本　タイヘイ株式会社メディアプロダクツ事業部

ISBN978-4-594-09987-9